# Protecting Your Harvest: Agricultural Risk Management Solutions for Every Former Farmer

## రైతుల పంట రక్షణ: ప్రతి మాజీ రైతుకు వ్యవసాయ దృక్పథ్ధతి ప్రమాద నిర్వహణ పరిష్కరాలు

Reema

# Copyright © [2023]

## Author: Reema

## Title: Protecting Your Harvest: Agricultural Risk Management Solutions for Every Former Farmer

**This book is a self-published work by the author Reema**

**ISBN:**

# TABLE OF CONTENTS

- Debt Management
  Strategies: Negotiating, refinancing, consolidation, alternative income streams.

- Asset Diversification: Exploring alternative investments, minimizing reliance on agriculture.

- Financial Planning Essentials: Budgeting, cash flow management, retirement planning.

- Government Programs and Resources: Social safety nets, tax credits, agricultural subsidies.

- Case Studies: Real-life examples of former farmers navigating financial risks.

# Chapter 5: Building a New Safety Net: Exploring Alternative Income Streams 55

- Skills Transfer: Identifying transferable skills from farming experience for new careers.

- Entrepreneurship: Starting small businesses, consulting services, leveraging agricultural expertise.

- Remote Work Opportunities: Utilizing technology and internet access for location-independent careers.

- Volunteerism and Community Engagement: Contributing skills and experience to meaningful projects.

- Education and Reskilling: Pursuing further education or training for new qualifications.

# Chapter 6: Cultivating a Sustainable Future: Embracing Change and Finding Fulfillment 65

- Reflection and Gratitude: Recognizing the value of past experiences and celebrating achievements.

- Planning for the Long Term: Setting personal goals and establishing a vision for the future.

- Finding Fulfillment: Building a life that is personally meaningful and financially secure.

- Sharing Your Story: Inspiring and empowering other former farmers on their transition journey.

- Resources and Conclusion: Providing additional resources and encouraging ongoing learning.

# TABLE OF CONTENTS

- అప్పు నిర్వహణ వ్యూహాలు: చర్చలు, పునర్వ్యవస్థీకరణ, ఏకీకరణ, ప్రత్యామ్నాయ ఆదాయ వనరులు.

- ఆస్తుల వైవిధ్యీకరణ: ప్రత్యామ్నాయ పెట్టుబడులను పరిశీలించడం, వ్యవసాయంపై ఆధారపడటాన్ని తగ్గించడం.

- ఆర్థిక ప్రణాళిక అంశాలు: బడ్జెటింగ్, నగదు ప్రవాహ నిర్వహణ, పదవీరీణ నిర్వహణ.

- ప్రభుత్వ కార్యక్రమాలు మరియు వనరులు: సామాజిక భద్రతా వలయాలు, పన్ను వడ్డీ పేరుకుపోతలు, వ్యవసాయ రాయితీలు.

- కేసు అధ్యయనాలు: ఆర్థిక రిస్క్‌లను ఎదుర్కొన్న పూర్వపు రైతుల యొక్క నిజ జీవిత ఉదాహరణలు.

- భావోద్వేగ ట్రిగ్గర్లను గుర్తించడం మరియు పరిష్కరించడం: విచారం, నష్టం, గుర్తింపు సంక్షోభం, ఆర్థిక ఆందోళన.

- పునరావృతతత్వాన్ని నిర్మించడం: ఒత్తి నిర్వహణ పద్ధతులు, మైండ్‌ఫుల్‌నెస్ సాధనాలు, సమాజం నుండి మద్దతు.

- ఉద్దేశాన్ని మళ్లీ కనుగొనడం: వ్యవసాయం తప్ప ఇతర జీవితాలలో కొత్త అర్థం మరియు సంతృప్తిని కనుగొనడం.

- ఆరోగ్యకరమైన సంబంధాలను పెంపొందించడం: పూర్వపు వ్యవసాయ నెట్‌వర్క్‌లతో సంబంధాలను కొనసాగించడం.

- స్వీయ సంరక్షణకు ప్రాధాన్యత ఇవ్వడం: పూర్వపు రైతులకు శారీరక మరియు మానసిక ఆరోగ్య వనరులు.

- పాత కాలుష్యం: పూర్వపు వ్యవసాయ భూమిపై సంభవించే పర్యావరణ ప్రమాదాలను అంచనా వేయడం మరియు తగ్గించడం.

- భూమి నిర్వహణ వ్యూహాలు: బాధ్యతాయుతమైన భూమి యాజమాన్యం లేదా స్వాధీనత కోసం స్థిరమైన పద్ధతులు.

- వాతావరణ మార్పు అనుకూలత: మారుతున్న వాతావరణ నమూనాలకు సంబంధించిన రిస్క్‌లను అర్థం చేసుకోవడం మరియు తగ్గించడం.

- పర్యావరణ నిబంధనలు మరియు అనుగుణత: చట్టపరమైన అవసరాల గురించి ఎప్పటికప్పుడు తెలుసుకోవడం.

- సమాజిక భాగస్వామ్యాలు: పర్యావరణ సంస్థలు మరియు స్థానిక ప్రతినిధులతో సహకారం.

- నైపుణ్యాల బదిలీ: వ్యవసాయ అనుభవం నుండి కొత్త ఉద్యోగాల కోసం బదిలీ చేయగల నైపుణ్యాలను గుర్తించడం.

- వ్యవస్థాపకత: చిన్న వ్యాపారాలను ప్రారంభించడం, సలహా సేవలందించడం, వ్యవసాయ పరిజ్ఞానాని ఉపయోగించడం.

- రిమోట్ వర్క్ అవకాశాలు: స్థానం-స్వతంత్ర ఉద్యోగాల కోసం టెక్నాలజీ మరియు ఇంటర్నెట్ యాక్సెస్‌ను ఉపయోగించడం.

- స్వచ్ఛంద సేవ మరియు సామాజిక కార్యకలాపాలు: నైపుణ్యాలు మరియు అనుభవాన్ని అర్థపూర్వకమైన ప్రాజెక్టులకు అందించడం.

- విద్య మరియు నైపుణ్యాల పునర్వ్యవస్థీకరణ: కొత్త అర్హతల కోసం మరింత విద్య లేదా శిక్షణ పొందడం.

- ఆలోచన మరియు కృతజ్ఞత: గత అనుభవాల విలువను గుర్తించడం మరియు సాధించిన విజయాలను జరుపుకోవడం.

- దీర్ఘకాలిక ప్రణాళిక: వ్యక్తిగత లక్ష్యాలను సెట్ చేయడం మరియు భవిష్యత్తు కోసం దృష్టిని ఏర్పాటు చేసుకోవడం.

- సంతృప్తిని కనుగొనడం: వ్యక్తిగతంగా అర్థపూర్వకమైన మరియు ఆర్థికంగా సురక్షితమైన జీవితాన్ని నిర్మించడం.

- మీ కథను పంచుకోవడం: ఇతర మాజీ రైతులను వారి మార్పు ప్రయాణంలో ప్రేరేపించడం మరియు సాధికారం చేయడం.

- వనరులు మరియు ముగింపు: అదనపు వనరులను అందించడం మరియు నిరంతర అభ్యాసాన్ని ప్రోత్సహించడం.

# Chapter 1: Embracing the Transition: Understanding the Landscape of Risk

# అధ్యాయం 1: మార్పును స్వీకరించడం: రిస్కలను అర్థం చేసుకోవడం

## పరిచయం: పూర్వపు రైతులకు రిస్క్ మేనేజ్‌మెంట్ ఎందుకు ముఖ్యమో

వ్యవసాయం అనేది ఒక సవాలుతో కూడుకున్న వృత్తి. రైతులు వాతావరణం, మార్కెట్ ధరలు, వ్యాధులు మరియు తెగుళ్ళు వంటి అనేక రకాల ప్రమాదాలను ఎదుర్కొంటారు. ఈ ప్రమాదాల నుండి తమను తాము రక్షించుకోవడానికి, రైతులు రిస్క్ మేనేజ్‌మెంట్ వ్యూహాలను ఉపయోగించడం ముఖ్యం.

పూర్వపు రైతులకు రిస్క్ మేనేజ్‌మెంట్ మరింత ముఖ్యం. వారు తమ వ్యవసాయ జీవితంలో చాలా అనుభవాన్ని కలిగి ఉన్నప్పటికీ, వారు కొత్త సవాళ్లను ఎదుర్కొంటున్నారు. వారు వారి వ్యవసాయ భూమిని విక్రయించవలసి ఉంటుంది, కొత్త ఉద్యోగాన్ని కనుగొనవలసి ఉంటుంది లేదా వారి వ్యవసాయ జీవితాన్ని మార్చడం కోసం కొత్త మార్గాలను కనుగొనవలసి ఉంటుంది. ఈ మార్పుల ప్రక్రియలో, రిస్క్ మేనేజ్‌మెంట్ వ్యూహాలు వారికి సహాయపడతాయి.

రిస్క్ మేనేజ్‌మెంట్ వ్యూహాల ప్రయోజనాలు

రిస్క్ మేనేజ్‌మెంట్ వ్యూహాలు పూర్వపు రైతులకు అనేక ప్రయోజనాలను అందిస్తాయి. అవి:

- ఆర్థిక భద్రతను మెరుగుపరుస్తాయి. రిస్క్ మేనేజ్ మెంట్ వ్యూహాలు రైతులకు ఆర్థిక నష్టాలను తగ్గించడంలో సహాయపడతాయి. ఇది వారి కుటుంబాలకు ఆర్థిక భద్రతను అందిస్తుంది.

- మార్పును ఎదుర్కోవడానికి సహాయపడతాయి. రిస్క్ మేనేజ్ మెంట్ వ్యూహాలు రైతులకు మార్పును ఎదుర్కోవడానికి మరియు కొత్త సవాళ్లను అధిగమించడానికి సహాయపడతాయి. ఇది వారి వ్యవసాయ జీవితాన్ని కొనసాగించడానికి లేదా కొత్త అవకాశాలను కనుగొనడానికి వారికి సహాయపడుతుంది.

- మానసిక భద్రతను మెరుగుపరుస్తాయి. రిస్క్ మేనేజ్ మెంట్ వ్యూహాలు రైతులకు మానసిక భద్రతను అందిస్తాయి. ఇది వారిని ఒత్తిడి మరియు ఆందోళన నుండి రక్షించడంలో సహాయపడుతుంది.

# రిస్క్‌ను ఛేదించడం: వ్యవసాయ రంగంలో సంభవించే ప్రమాదాలను గుర్తించడం మరియు వర్గీకరించడం

వ్యవసాయం అనేది ఒక సవాలుతో కూడుకున్న వృత్తి. రైతులు వాతావరణం, మార్కెట్ ధరలు, వ్యాధులు మరియు తెగుళ్ళు వంటి అనేక రకాల ప్రమాదాలను ఎదుర్కొంటారు. ఈ ప్రమాదాల నుండి తమను తాము రక్షించుకోవడానికి, రైతులు రిస్క్ మేనేజ్‌మెంట్ వ్యూహాలను ఉపయోగించడం ముఖ్యం.

రిస్క్ మేనేజ్‌మెంట్ యొక్క మొదటి దశ ఏమిటంటే, వ్యవసాయ రంగంలో సంభవించే ప్రమాదాలను గుర్తించడం మరియు వర్గీకరించడం. ఈ ప్రక్రియను "రిస్క్ అసెస్‌మెంట్" అంటారు. రిస్క్ అసెస్‌మెంట్ చేయడం వలన, రైతులు తమ వ్యవసాయాన్ని ప్రభావితం చేసే ప్రమాదాలను అర్థం చేసుకోవడానికి మరియు వాటిని ఎలా తగ్గించాలో ప్రణాళిక చేయడానికి సహాయపడుతుంది.

వ్యవసాయ రంగంలో సంభవించే ప్రమాదాలను గుర్తించడం

వ్యవసాయ రంగంలో సంభవించే ప్రమాదాలను గుర్తించడానికి, రైతులు క్రింది అంశాలను పరిగణించాలి:

- వాతావరణం: వర్షపాతం, ఉష్ణోగ్రత, గాలి యొక్క తేమ, మరియు నేల యొక్క తేమ వంటి వాతావరణ పరిస్థితులు పంటల పెరుగుదల మరియు ఉత్పాదకతను ప్రభావితం చేయవచ్చు.

- మార్కెట్ ధరలు: పంటల ధరలు పెరగవచ్చు లేదా తగ్గవచ్చు, ఇది రైతుల ఆదాయాన్ని ప్రభావితం చేస్తుంది.

- వ్యాధులు మరియు తెగుళ్లు: పంటలను దెబ్బతీసే వ్యాధులు మరియు తెగుళ్లు దిగుబడిని తగ్గిస్తాయి.

- సాంకేతికత: కొత్త సాంకేతికతలు రైతులకు మరింత స్థిరంగా మరియు ఉత్పాదకంగా ఉండటంలో సహాయపడవచ్చు, కానీ అవి కొత్త ప్రమాదాలను కూడా కలిగి ఉంటాయి.

- ఆర్థిక పరిస్థితులు: ఆర్థిక మాంద్యం లేదా ద్రవ్యోల్బణం రైతుల ఆదాయాన్ని ప్రభావితం చేస్తుంది.

- రాజకీయ పరిస్థితులు: దిగుమతులు లేదా శుద్ధి చేసిన ఆహార ఉత్పత్తులపై పన్నులు వంటి రాజకీయ నిర్ణయాలు రైతుల ఆదాయాన్ని ప్రభావితం చేస్తాయి.

# ఆర్థిక రిస్క్‌లు: అప్పులు, ఋణాలు, మార్కెట్ పతనాలు, భూమి యాజమాన్య సమస్యలు

వ్యవసాయం అనేది ఒక ఖరీదైన వృత్తి. రైతులు భూమి, సాధనాలు, విత్తనాలు, మరియు ఇతర పంట పెంపక వనరుల కోసం డబ్బును ఖర్చు చేయాలి. ఈ ఖర్చులను భరించడానికి, రైతులు అప్పులు లేదా ఋణాలు తీసుకోవాల్సి ఉంటుంది. అప్పులు లేదా ఋణాలు తీసుకోవడం వలన రైతులు ఆర్థిక రిస్క్‌లను ఎదుర్కొంటారు.

అప్పులు లేదా ఋణాల నుండి కలిగే ఆర్థిక రిస్క్‌లు

- అప్పులను తిరిగి చెల్లించలేకపోవడం: అప్పులను తిరిగి చెల్లించలేకపోతే, రైతులు తమ భూమిని లేదా సాధనాలను కోల్పోవచ్చు.

- అప్పుల వడ్డీ రేట్లు పెరగడం: అప్పుల వడ్డీ రేట్లు పెరగడం వలన, రైతుల ఖర్చులు పెరుగుతాయి మరియు వారి ఆదాయం తగ్గుతుంది.

- ఆర్థిక మాంద్యం: ఆర్థిక మాంద్యం సమయంలో, పంటల ధరలు తగ్గుతాయి మరియు రైతుల ఆదాయం తగ్గుతుంది. దీనివలన, అప్పులను తిరిగి చెల్లించడం కష్టతరం అవుతుంది.

మార్కెట్ పతనాలు

మార్కెట్ పతనాలు అనేవి పంటల ధరలు తగ్గడానికి దారితీసే సంఘటనలు. మార్కెట్ పతనాలు రైతుల ఆదాయాన్ని తగ్గిస్తాయి మరియు వారి ఆర్థిక స్థిరత్వాన్ని ప్రమాదంలో పడేస్తాయి.

భూమి యాజమాన్య సమస్యలు

భూమి యాజమాన్య సమస్యలు అనేవి భూమి యొక్క యాజమాన్యం లేదా ఉపయోగంపై వివాదాలకు దారితీసే సంఘటనలు. భూమి యాజమాన్య సమస్యలు రైతులకు ఆర్థిక నష్టం కలిగిస్తాయి మరియు వారి వ్యవసాయాన్ని నిర్వహించడం కష్టతరం చేస్తాయి.

ఆర్థిక రిస్క్‌లను తగ్గించడానికి చర్యలు

ఆర్థిక రిస్క్‌లను తగ్గించడానికి, రైతులు క్రింది చర్యలను తీసుకోవచ్చు:

- ఆర్థిక ప్రణాళిక: రైతులు తమ ఆదాయం మరియు వ్యయాలను ట్రాక్ చేయడానికి మరియు ఆర్థిక నష్టాలను తగ్గించడానికి ఆర్థిక ప్రణాళికను రూపొందించుకోవాలి.

- అప్పులను జాగ్రత్తగా తీసుకోవడం: రైతులు తమ అవసరాలకు అనుగుణంగా అప్పులు తీసుకోవాలి మరియు వాటిని తిరిగి చెల్లించగలరని నిర్ధారించుకోవాలి.

## భావోద్వేగపరమైన రిస్కలు: గుర్తింపు మార్పు, సమాజానికి దూరం, పూర్వపు జ్ఞాపకాలు, ఆర్థిక ఒత్తిడి.

వ్యవసాయం అనేది ఒక భావోద్వేగపరంగా సవాలుతో కూడుకున్న వృత్తి. రైతులు తమ వ్యవసాయాన్ని విజయవంతంగా నిర్వహించడానికి చాలా కష్టపడాలి. ఈ కష్టపడటం కొన్నిసార్లు భావోద్వేగపరమైన ఒత్తిడిని కలిగిస్తుంది.

## గుర్తింపు మార్పు

వ్యవసాయం అనేది ఒక జీవితకాల వృత్తి. రైతులు తమ జీవితాలలో ఎక్కువ భాగాన్ని వ్యవసాయంతో గడుపుతారు. వారు తమను తాము రైతులుగా గుర్తించుకుంటారు. వ్యవసాయం నుండి వైదొలగడం అనేది గుర్తింపు మార్పును కలిగిస్తుంది. ఇది రైతులకు కష్టతరమైన మరియు భావోద్వేగపరంగా అస్థిరమైన అనుభవం కావచ్చు.

## సమాజానికి దూరం

వ్యవసాయం అనేది ఒంటరి వృత్తి. రైతులు తరచుగా తమ కుటుంబాలు మరియు స్నేహితుల నుండి దూరంగా ఉంటారు. వ్యవసాయం నుండి వైదొలగడం వలన రైతులు సమాజానికి దూరంగా ఉంటారు. ఇది రైతులకు ఒంటరితనం మరియు అసంబద్ధతను కలిగిస్తుంది.

## పూర్వపు జ్ఞాపకాలు

వ్యవసాయం అనేది ఒక సంప్రదాయ వృత్తి. రైతులు తరచుగా తమ పూర్వీకుల నుండి వ్యవసాయం నేర్చుకుంటారు.

వ్యవసాయం నుండి వైదొలగడం వలన రైతులు తమ పూర్వీకుల వారసత్వాన్ని కోల్పోతారు. ఇది రైతులకు విచారం మరియు ఒకతను ఒంటరిగా ఉన్నట్లుగా అనిపించేలా చేస్తుంది.

ఆర్థిక ఒత్తిడి

వ్యవసాయం అనేది ఒక ఖరీదైన వృత్తి. రైతులు తమ వ్యవసాయాన్ని నిర్వహించడానికి చాలా డబ్బును ఖర్చు చేయాలి. వ్యవసాయం నుండి వైదొలగడం వలన రైతులు ఆర్థిక ఒత్తిడిని ఎదుర్కొంటారు. ఇది రైతులకు ఆందోళన మరియు భయాన్ని కలిగిస్తుంది.

**పర్యావరణ రిస్క్‌లు: భూమి నిర్వహణ సమస్యలు, వాతావరణ మార్పు ప్రభావాలు, పాత పరిసర కాలుష్యం.**

వ్యవసాయం అనేది ఒక పర్యావరణపరంగా సున్నితమైన వృత్తి. రైతులు తమ వ్యవసాయాన్ని నిర్వహించడంలో పర్యావరణాన్ని దృష్టిలో ఉంచుకోవాలి. అయితే, పర్యావరణం రైతులపై కూడా ప్రభావం చూపుతుంది.

భూమి నిర్వహణ సమస్యలు

భూమి యొక్క సామర్థ్యాన్ని పరిరక్షించడం చాలా ముఖ్యం. అయితే, భూమిని అధికంగా ఉపయోగించడం, భూమిని కోతకు గురిచేయడం, మరియు భూమిని కాలుష్యం చేయడం వంటి పనులు భూమి యొక్క సామర్థ్యాన్ని తగ్గిస్తాయి. ఇది రైతులకు ఆర్థిక నష్టం కలిగిస్తుంది మరియు పర్యావరణానికి కూడా హాని కలిగిస్తుంది.

వాతావరణ మార్పు ప్రభావాలు

వాతావరణ మార్పు వల్ల వర్షపాతం, ఉష్ణోగ్రత, మరియు వాతావరణ పరిస్థితులు మారుతాయి. ఇది పంటల పెరుగుదల మరియు ఉత్పాదకతను ప్రభావితం చేస్తుంది. వాతావరణ మార్పు వల్ల వచ్చే తుఫానులు, వరదలు, మరియు కరువులు వంటి ప్రకృతి వైపరీత్యాలు కూడా రైతులకు ఆర్థిక నష్టం కలిగిస్తాయి.

పాత పరిసర కాలుష్యం

పూర్వపు వ్యవసాయ పద్ధతుల వల్ల భూమిలో, నీటిలో, మరియు గాలిలో కాలుష్యం చేరవచ్చు. ఈ కాలుష్యం పంటల

పెరుగుదలను ప్రభావితం చేస్తుంది మరియు ఆరోగ్య సమస్యలకు దారితీస్తుంది.

పర్యావరణ రిస్క్‌లను తగ్గించడానికి చర్యలు

పర్యావరణ రిస్క్‌లను తగ్గించడానికి, రైతులు క్రింది చర్యలను తీసుకోవచ్చు:

- సుస్థిర వ్యవసాయ పద్ధతులను అవలంబించండి: ఈ పద్ధతులు భూమి యొక్క సామర్థ్యాన్ని పరిరక్షించడంలో సహాయపడతాయి.

- వాతావరణ మార్పు ప్రభావాలకు తగినట్లుగా తమ వ్యవసాయాన్ని సర్దుబాటు చేయండి: ఈ పద్ధతులు రైతులను వాతావరణ మార్పు ప్రభావాలను ఎదుర్కోవడంలో సహాయపడతాయి.

- పాత పరిసర కాలుష్యాన్ని తొలగించండి: ఈ పద్ధతులు పంటల పెరుగుదలను మెరుగుపరచడంలో మరియు ఆరోగ్య సమస్యలను నివారించడంలో సహాయపడతాయి.

# Chapter 2: Financial Fortification: Building Resilience Against Economic Fluctuations

# అధ్యాయం 2: ఆర్థిక దృఢత్వం: ఆర్థిక హెచ్చుతలాలలకు వ్యతిరేకంగా పునరావృతత్వాన్ని నిర్మించడం

అప్పు నిర్వహణ వ్యూహాలు: చర్చలు, పునర్వ్యవస్థీకరణ, ఏకీకరణ, ప్రత్యామ్నాయ ఆదాయ వనరులు.

అప్పులు అనేవి ఒక ఆర్థిక వ్యవస్థలో ఒక ముఖ్యమైన భాగం. అవి వ్యాపారాలు మరియు వ్యక్తులకు పెట్టుబడులు పెట్టడానికి, వ్యాపారం విస్తరించడానికి, లేదా ఆర్థిక అవసరాలను తీర్చడానికి సహాయపడతాయి. అయితే, అప్పులు కూడా ఆర్థిక ఒత్తిడి మరియు నష్టానికి కారణం కావచ్చు.

అప్పులను సురక్షితంగా మరియు స్థిరంగా నిర్వహించడం చాలా ముఖ్యం. అప్పు నిర్వహణ వ్యూహాలు రైతులకు వారి అప్పులను నిర్వహించడంలో సహాయపడతాయి మరియు వారి ఆర్థిక భద్రతను మెరుగుపరుస్తాయి.

చర్చలు

అప్పు నిర్వహణ వ్యూహాలలో ఒక ముఖ్యమైన అంశం చర్చలు. రైతులు తమ అప్పుల యజమానులతో చర్చించి, వారి అప్పులను తిరిగి చెల్లించడానికి మరింత సౌకర్యవంతమైన పద్ధతులను కనుగొనవచ్చు. ఉదాహరణకు, రైతులు తమ అప్పుల వడ్డీ రేట్లను తగ్గించమని లేదా వారి అప్పులను తిరిగి చెల్లించడానికి ఎక్కువ సమయం ఇవ్వమని అడగవచ్చు.

పునర్వ్యవస్థీకరణ

పునర్వ్యవస్థీకరణ అనేది అప్పు ఒప్పందాన్ని మార్చడం. ఇది అప్పుల వడ్డీ రేట్లను తగ్గించడం, అప్పులను తిరిగి చెల్లించడానికి ఎక్కువ సమయం ఇవ్వడం, లేదా అప్పులను తిరిగి చెల్లించడానికి కొత్త పద్ధతులను అమలు చేయడం వంటి వాటిని కలిగి ఉంటుంది. రైతులు తమ అప్పులను తిరిగి చెల్లించడం కష్టంగా ఉంటే, వారు తమ అప్పులను పునర్వ్యవస్థీకరించడం ద్వారా వాటిని మరింత సౌకర్యవంతంగా మార్చుకోవచ్చు.

ఏకీకరణ

ఏకీకరణ అనేది రైతులు తమ అన్ని అప్పులను ఒకే ఒప్పందం కింద ఉంచడం. ఇది అప్పులను ట్రాక్ చేయడం సులభతరం చేస్తుంది మరియు వడ్డీ చెల్లింపులను తగ్గించడంలో సహాయపడుతుంది. రైతులు తమ అప్పులను ఏకీకృతం చేయడం ద్వారా వారి ఆర్థిక పరిస్థితిని మెరుగుపరుచుకోవచ్చు.

ప్రత్యామ్నాయ ఆదాయ వనరులు

అప్పులను నిర్వహించడానికి మరోక మార్గం ప్రత్యామ్నాయ ఆదాయ వనరులను కనుగొనడం. రైతులు తమ వ్యవసాయంతో పాటు ఇతర వ్యాపారాలు లేదా ఉద్యోగాలను ప్రారంభించవచ్చు. ఇది వారి ఆదాయాన్ని పెంచడంలో మరియు తమ అప్పులను తిరిగి చెల్లించడంలో సహాయపడుతుంది.

# ఆస్తుల వైవిధ్యీకరణ: ప్రత్యామ్నాయ పెట్టుబడులను పరిశీలించడం, వ్యవసాయింపై ఆధారపడటాన్ని తగ్గించడం

వ్యవసాయం అనేది ఒక రిస్క్ ఫుల్ వృత్తి. వాతావరణ మార్పు, వ్యాధులు మరియు తెగుళ్ళు వంటి అనేక అంశాలు రైతుల ఆదాయాన్ని ప్రభావితం చేయవచ్చు. ఆస్తుల వైవిధ్యీకరణ అనేది ఈ రిస్క్ లను తగ్గించడానికి ఒక మార్గం.

ఆస్తుల వైవిధ్యీకరణ అనేది రైతులు తమ ఆదాయాన్ని మరియు ఆస్తులను వివిధ వనరులలో పెట్టుబడి పెట్టడం. ఇది ఏదైనా ఒక వనరు నుండి నష్టం జరిగినప్పుడు, రైతులకు ఇతర వనరుల నుండి ఆదాయం లభించేలా చేస్తుంది.

ప్రత్యామ్నాయ పెట్టుబడులను పరిశీలించడం

ఆస్తుల వైవిధ్యీకరణలో భాగంగా, రైతులు తమ వ్యవసాయంతో పాటు ఇతర పెట్టుబడులను కూడా పరిశీలించాలి. ఈ పెట్టుబడులు వ్యవసాయంతో సంబంధం లేనివి కావచ్చు లేదా వ్యవసాయంతో సంబంధం ఉన్నవి కావచ్చు.

వ్యవసాయంతో సంబంధం లేని ప్రత్యామ్నాయ పెట్టుబడులలో షేర్లు, బాండ్లు, మరియు రియల్ ఎస్టేట్ వంటివి ఉన్నాయి. ఈ పెట్టుబడులు రైతులకు మరింత స్థిరమైన ఆదాయాన్ని అందించగలవు.

వ్యవసాయంతో సంబంధం ఉన్న ప్రత్యామ్నాయ పెట్టుబడులలో ఆహార ప్రాసెసింగ్, ఫార్మ్ యంత్రాలు, మరియు వ్యవసాయ సేవలు వంటివి ఉన్నాయి. ఈ

పెట్టుబడులు రైతులకు వ్యవసాయంతో సంబంధం ఉన్న నైపుణ్యాలను ఉపయోగించడంలో సహాయపడతాయి.

వ్యవసాయంపై ఆధారపడటాన్ని తగ్గించడం

ఆస్తుల వైవిధ్యీకరణ వ్యవసాయంపై ఆధారపడటాన్ని తగ్గించడంలో సహాయపడుతుంది. రైతులు తమ ఆదాయాన్ని మరియు ఆస్తులను వివిధ వనరులలో పెట్టుబడి పెట్టడం ద్వారా, వారు ఏదైనా ఒక వనరు నుండి నష్టం జరిగినప్పుడు, వారి ఆర్థిక స్థిరత్వాన్ని కాపాడుకోవడానికి మరింత అవకాశం ఉంటుంది.

ఆస్తుల వైవిధ్యీకరణను అమలు చేయడానికి రైతులు క్రింది దశలను అనుసరించవచ్చు:

1. తమ ఆదాయం మరియు ఆస్తులను విశ్లేషించండి.

2. తమకు సరిపోయే ప్రత్యామ్నాయ పెట్టుబడులను గుర్తించండి.

3. తమ పెట్టుబడులకు ఒక ప్రణాళికను రూపొందించండి.

4. తమ పెట్టుబడులను క్రమం తప్పకుండా పర్యవేక్షించండి.

**ఆర్థిక ప్రణాళిక అంశాలు: బడ్జెటింగ్, నగదు ప్రవాహ నిర్వహణ, పదవీరీణ నిర్వహణ.**

వ్యవసాయం అనేది ఒక రిస్క్‌ఫుల్ వృత్తి. వాతావరణ మార్పు, వ్యాధులు మరియు తెగుళ్ళు వంటి అనేక అంశాలు రైతుల ఆదాయాన్ని ప్రభావితం చేయవచ్చు. ఆర్థిక ప్రణాళిక అనేది ఈ రిస్క్‌లను తగ్గించడానికి మరియు రైతుల ఆర్థిక స్థిరత్వాన్ని మెరుగుపరచడానికి ఒక ముఖ్యమైన అంశం.

బడ్జెటింగ్

బడ్జెటింగ్ అనేది ఆర్థిక ప్రణాళిక యొక్క ఒక ముఖ్యమైన భాగం. బడ్జెట్ అనేది ఒక నిర్దిష్ట కాలానికి ఒక వ్యక్తి లేదా సంస్థ యొక్క ఆదాయం మరియు వ్యయాలను ప్లాన్ చేసే ఒక పత్రం. బడ్జెటింగ్ రైతులకు వారి ఆదాయాన్ని మరియు వ్యయాలను నిర్వహించడంలో సహాయపడుతుంది. ఇది రైతులకు తమ ఆర్థిక లక్ష్యాలను సాధించడంలో కూడా సహాయపడుతుంది.

నగదు ప్రవాహ నిర్వహణ

నగదు ప్రవాహం అనేది ఒక వ్యక్తి లేదా సంస్థ ఒక నిర్దిష్ట కాలానికి డబ్బును సంపాదించే మరియు ఖర్చు చేసే రేటు. నగదు ప్రవాహ నిర్వహణ అనేది ఒక వ్యక్తి లేదా సంస్థ యొక్క నగదు ప్రవాహాన్ని నిర్వహించే ప్రక్రియ.

నగదు ప్రవాహ నిర్వహణ రైతులకు వారి వ్యవసాయాన్ని విజయవంతంగా నిర్వహించడంలో సహాయపడుతుంది. ఇది రైతులకు తమ ఆదాయాన్ని మరియు వ్యయాలను సమతుల్యం చేయడంలో సహాయపడుతుంది. ఇది రైతులకు

వారి వ్యవసాయంలో ఏవైనా సమస్యలను ముందుగానే గుర్తించడంలో కూడా సహాయపడుతుంది.

పదవీరీణ నిర్వహణ

పదవీరీణ నిర్వహణ అనేది ఒక వ్యక్తి లేదా సంస్థ తమ ఆస్తిని తమ వారసులకు బదిలీ చేయడానికి రూపొందించిన ప్రణాళిక.

పదవీరీణ నిర్వహణ రైతులకు తమ వ్యవసాయాన్ని తమ వారసులకు బదిలీ చేయడంలో సహాయపడుతుంది. ఇది రైతులకు తమ వారసులకు ఒక బలమైన ఆర్థిక పునాదిని ఏర్పరచడంలో కూడా సహాయపడుతుంది.

ఆర్థిక ప్రణాళిక అంశాలను అమలు చేయడానికి రైతులు క్రింది దశలను అనుసరించవచ్చు:

1. తమ ఆర్థిక లక్ష్యాలను గుర్తించండి.
2. తమ ఆదాయం మరియు వ్యయాలను విశ్లేషించండి.
3. తమ ఆర్థిక లక్ష్యాలను సాధించడానికి ఒక ప్రణాళికను రూపొందించండి.
4. తమ ప్రణాళికను అమలు చేయండి.

## ప్రభుత్వ కార్యక్రమాలు మరియు వనరులు: సామాజిక భద్రతా వలయాలు, పన్ను వడ్డీ పేరుకుపోతలు, వ్యవసాయ రాయితీలు

ప్రభుత్వాలు తమ పౌరులకు అనేక రకాల కార్యక్రమాలు మరియు వనరులను అందిస్తాయి. ఈ కార్యక్రమాలు మరియు వనరులు పౌరులకు ఆర్థిక, ఆరోగ్య మరియు సామాజిక మద్దతును అందించడానికి రూపొందించబడ్డాయి. కొన్ని ముఖ్యమైన ప్రభుత్వ కార్యక్రమాలు మరియు వనరులు సామాజిక భద్రతా వలయాలు, పన్ను వడ్డీ పేరుకుపోతలు మరియు వ్యవసాయ రాయితీలు.

సామాజిక భద్రతా వలయాలు

సామాజిక భద్రతా వలయాలు అనేవి ప్రభుత్వం అందించే కార్యక్రమాలు, ఇవి పౌరులకు ఆర్థిక భద్రతను అందిస్తాయి. ఈ కార్యక్రమాలు పౌరులకు వృద్ధాప్యం, ఉద్యోగ విరమణ, అనారోగ్యం, ఉద్యోగ నష్టం మరియు పిల్లల సంరక్షణ వంటి సమయాల్లో ఆర్థిక మద్దతును అందిస్తాయి.

సామాజిక భద్రతా వలయాలలో కొన్ని ఉదాహరణలు:

- పెన్షన్లు: వృద్ధాప్యంలో ఉన్న పౌరులకు ఆర్థిక మద్దతును అందించడానికి పెన్షన్లు రూపొందించబడ్డాయి.

- ఉద్యోగ విరమణ బెనిఫిట్స్: ఉద్యోగ విరమణకు వచ్చే పౌరులకు ఆర్థిక మద్దతును అందించడానికి ఉద్యోగ విరమణ బెనిఫిట్స్ రూపొందించబడ్డాయి.

- ఆరోగ్య బీమా: పౌరులకు ఆరోగ్య సంరక్షణ ఖర్చులను కవర్ చేయడానికి ఆరోగ్య బీమా రూపొందించబడింది.

- అనారోగ్య భృతి: అనారోగ్యంతో ఉన్న పౌరులకు ఆర్థిక మద్దతును అందించడానికి అనారోగ్య భృతి రూపొందించబడింది.

- ఉద్యోగ నష్టం బెనిఫిట్స్: ఉద్యోగాన్ని కోల్పోయిన పౌరులకు ఆర్థిక మద్దతును అందించడానికి ఉద్యోగ నష్టం బెనిఫిట్స్ రూపొందించబడ్డాయి.

- పిల్లల సంరక్షణ సహాయం: పిల్లల సంరక్షణ ఖర్చులను కవర్ చేయడానికి పిల్లల సంరక్షణ సహాయం రూపొందించబడింది.

పన్ను వడ్డీ పేరుకుపోతలు

పన్ను వడ్డీ పేరుకుపోతలు అనేవి ప్రభుత్వం అందించే కార్యక్రమాలు, ఇవి పౌరులకు ఆర్థిక మద్దతును అందిస్తాయి. ఈ కార్యక్రమాలు పౌరులకు పన్ను చెల్లించడంలో సహాయం చేస్తాయి.

# కేసు అధ్యయనాలు: ఆర్థిక రిస్క్‌లను ఎదుర్కొన్న పూర్వపు రైతుల యొక్క నిజ జీవిత ఉదాహరణలు

వ్యవసాయం అనేది ఒక రిస్క్‌ఫుల్ వృత్తి. వాతావరణ మార్పు, వ్యాధులు మరియు తెగుళ్ళు వంటి అనేక అంశాలు రైతుల ఆదాయాన్ని ప్రభావితం చేయవచ్చు. ఆర్థిక రిస్క్‌లను ఎదుర్కొన్న పూర్వపు రైతుల యొక్క నిజ జీవిత ఉదాహరణలు ఈ రిస్క్‌లను అర్థం చేసుకోవడానికి మరియు రైతులకు వాటిని ఎదుర్కోవడంలో సహాయపడే చర్యలు తీసుకోవడానికి మనకు సహాయపడతాయి.

కేసు అధ్యయనం 1: తుఫాను కారణంగా నష్టం

1947లో, ఆంధ్రప్రదేశ్‌లోని ఒక గ్రామంలోని ఒక రైతు, శ్రీనివాస్, తన వ్యవసాయ భూమిలో వరి పండించాడు. తుఫాను కారణంగా, అతని పంట నష్టం జరిగింది. ఈ నష్టం శ్రీనివాస్‌కు ఆర్థికంగా చాలా కష్టంగా మారింది. అతను తన బ్యాంకు రుణాలను తిరిగి చెల్లించలేకపోయాడు మరియు అతని భూమిని కోల్పోయాడు.

కేసు అధ్యయనం 2: వ్యాధి కారణంగా పంట నష్టం

1966లో, హర్యానాలోని ఒక గ్రామంలోని ఒక రైతు, రామ్‌దాస్, తన వ్యవసాయ భూమిలో గోధుమ పండించాడు. అయితే, గోధుమ పురుగుల వ్యాధి వ్యాపించి అతని పంటను నాశనం చేసింది. ఈ నష్టం రామ్‌దాస్‌కు ఆర్థికంగా చాలా కష్టంగా మారింది. అతను తన బ్యాంకు రుణాలను తిరిగి చెల్లించలేకపోయాడు మరియు అతని భూమిని కోల్పోయాడు.

కేసు అధ్యయనం 3: పంట ధరలు తగ్గడం

1980లలో, మధ్యప్రదేశ్‌లోని ఒక గ్రామంలోని ఒక రైతు, రాజు, తన వ్యవసాయ భూమిలో పత్తి పండించాడు. అయితే, పత్తి ధరలు తగ్గడంతో అతని ఆదాయం తగ్గింది. ఈ నష్టం రాజును ఆర్థికంగా చాలా కష్టంగా మార్చింది. అతను తన బ్యాంకు రుణాలను తిరిగి చెల్లించలేకపోయాడు మరియు అతని భూమిని కోల్పోయాడు.

# అధ్యాయం 3: భావోద్వేగ సమతలం: మార్పు ముందు మానసిక ఆరోగ్యానికి ప్రాధాన్యత

**భావోద్వేగ ట్రిగ్గర్లను గుర్తించడం మరియు పరిష్కరించడం: విచారం, నష్టం, గుర్తింపు సంక్షోభం, ఆర్థిక ఆందోళన**

ప్రతి ఒక్కరూ తమ జీవితంలో ఒకదానిలో ఒకసారి భావోద్వేగ ట్రిగ్గర్లను ఎదుర్కొంటారు. ఈ ట్రిగ్గర్లు ఒక వ్యక్తిని నిరాశ, కోపం, భయం లేదా ఇతర భావోద్వేగాలను అనుభవించేలా చేస్తాయి. ఈ భావోద్వేగాలు తీవ్రంగా ఉంటే, అవి మానసిక ఆరోగ్య సమస్యలకు దారితీయవచ్చు.

భావోద్వేగ ట్రిగ్గర్లను గుర్తించడం మరియు పరిష్కరించడం ముఖ్యం. ఇది భావోద్వేగ నియంత్రణను మెరుగుపరచడానికి మరియు మానసిక ఆరోగ్యాన్ని మెరుగుపరచడానికి సహాయపడుతుంది.

విచారం

విచారం అనేది ఒక సాధారణ మానవ భావోద్వేగం. ఇది ఒక ప్రియమైన వ్యక్తి మరణం, వివాహ విచ్ఛేదం లేదా ఉద్యోగం కోల్పోవడం వంటి భౌతిక లేదా భావోద్వేగ నష్టం యొక్క ప్రతిస్పందనగా సంభవించవచ్చు.

విచారం యొక్క కొన్ని సాధారణ లక్షణాలు:

- దుఃఖం, బాధ

- ఆందోళన, ఆందోళన

- శక్తి లేకపోవడం, అలసట

- ఆహారం లేదా నిద్రపోయే సమస్యలు

- ఆత్మవిశ్వాసం తగ్గడం

విచారం సాధారణంగా కొన్ని నెలల పాటు ఉంటుంది. అయితే, ఈ లక్షణాలు కొనసాగితే లేదా మీరు మీ రోజువారీ జీవితాన్ని నిర్వహించడంలో ఇబ్బంది పడుతుంటే, మీరు వైద్య సహాయం తీసుకోవాలి.

విచారంను పరిష్కరించడానికి కొన్ని మార్గాలు:

- మీ భావాలను అంగీకరించండి. విచారం ఒక సహజ భావోద్వేగం అని గుర్తుంచుకోండి మరియు దానిని అణచివేయడానికి ప్రయత్నించకండి.

- మీకు సహాయం చేయగల వ్యక్తులతో మాట్లాడండి. మీ భావాలను ఒక స్నేహితుడు, కుటుంబ సభ్యుడు లేదా థెరపిస్ట్‌తో పంచుకోవడం మీకు ఉపశమనం పొందడంలో సహాయపడుతుంది.

- ఆరోగ్యకరమైన జీవనశైలిని అనుసరించండి. ఆరోగ్యకరమైన ఆహారం తినండి, క్రమం తప్పకుండా వ్యాయామం చేయండి మరియు తగినంత నిద్రపోండి.

**పునరావృతత్వాన్ని నిర్మించడం: ఒత్తి నిర్వహణ పద్ధతులు, మైండ్‌ఫుల్‌నెస్ సాధనాలు, సమాజం నుండి మద్దతు.**

పునరావృతత్వం అనేది ఒక వ్యక్తి లేదా వ్యవస్థ తమ లక్ష్యాలను సాధించడానికి మరియు మరింత మెరుగైన మార్గంలో పని చేయడానికి అవసరమైన శక్తి మరియు శక్తిని కలిగి ఉండటం. పునరావృతత్వాన్ని నిర్మించడానికి అనేక మార్గాలు ఉన్నాయి, వీటిలో ఒత్తి నిర్వహణ పద్ధతులు, మైండ్‌ఫుల్‌నెస్ సాధనాలు మరియు సమాజం నుండి మద్దతు ఉన్నాయి.

ఒత్తి నిర్వహణ పద్ధతులు

ఒత్తిడనం అనేది మానవ జీవితంలో ఒక సహజమైన భాగం. అయితే, దీర్ఘకాలిక ఒత్తిడి మానసిక మరియు శారీరక ఆరోగ్యానికి హానికరం కావచ్చు. ఒత్తిడిని నిర్వహించడానికి అనేక మార్గాలు ఉన్నాయి, వీటిలో శారీరక శ్రమ, యోగా లేదా ధ్యానం వంటి విశ్రాంతి పద్ధతులు మరియు సమయ నిర్వహణ నైపుణ్యాలు ఉన్నాయి.

మైండ్‌ఫుల్‌నెస్ సాధనాలు

మైండ్‌ఫుల్‌నెస్ అనేది ప్రస్తుత క్షణంపై మన శ్రద్ధను పెట్టడం యొక్క కళ. మైండ్‌ఫుల్‌నెస్ సాధనాలు, వీటిలో ధ్యానం, మెడిటేషన్ మరియు ప్రాణాయామం వంటివి ఉన్నాయి, ఒత్తిడిని తగ్గించడానికి మరియు పునరావృతత్వాన్ని పెంచడానికి సహాయపడతాయి.

సమాజం నుండి మద్దతు

సమాజం నుండి మద్దతు అనేది పునరావృతత్వాన్ని పెంచడానికి చాలా ముఖ్యమైనది. మనకు ఆత్మవిశ్వాసం మరియు ప్రోత్సాహాన్ని ఇవ్వగల ప్రేమ మరియు సంబంధాలు ఉన్నప్పుడు, మనం కష్ట సమయాల్లో ఎదుర్కోవడానికి మరింత బలంగా ఉంటాము.

పునరావృతత్వాన్ని పెంచడానికి కొన్ని నిర్దిష్ట సలహాలు:

- మీ ఒత్తిడి స్థాయిలను ట్రాక్ చేయండి. మీరు ఏ సమయంలో అత్యంత ఒత్తిడికి గురవుతున్నారు? మీ ఒత్తిడిని తగ్గించడానికి మీరు ఏమి చేయవచ్చు?

- మీకు సహాయపడే ఒత్తిడి నిర్వహణ పద్ధతులను కనుగొనండి. మీకు ఏ పద్ధతులు ఉత్తమంగా పని చేస్తాయి? మీరు వాటిని మీ రోజువారీ జీవితంలో ఎలా అమలు చేయవచ్చు?

- మీరు ఆనందాన్ని కలిగించే కార్యకలాపాలలో పాల్గొనండి. మీకు ఆనందాన్ని కలిగించేవి ఏమిటో గుర్తించండి మరియు వాటిని మీ రోజువారీ జీవితంలో చేర్చండి.

**ఉద్దేశాన్ని మళ్లీ కనుగొనడం: వ్యవసాయం తప్ప ఇతర జీవితాలలో కొత్త అర్థం మరియు సంతృప్తిని కనుగొనడం.**

వ్యవసాయం అనేది ఒక క్లిష్టమైన మరియు సవాలుతో కూడుకున్న వృత్తి. ఇది కష్టపడి పని చేయడం, దీర్ఘమైన గంటలు పని చేయడం మరియు తరచుగా వాతావరణ పరిస్థితుల నుండి ఒత్తిడికి గురవడం అవసరం. కొంతమంది రైతులు తమ పనిలో ఆనందాన్ని మరియు సంతృప్తిని కనుగొంటారు, కానీ ఇతరులు తమ ఉద్దేశాన్ని కోల్పోవచ్చు.

ఉద్దేశం అనేది మన జీవితంలో ఏమి చేస్తున్నామో మనకు స్పష్టమైన కారణం లేదా దిశను కలిగి ఉండటం. ఇది మనకు శక్తిని ఇస్తుంది మరియు మనం కష్టపడి పని చేయడానికి కారణాన్ని ఇస్తుంది.

వ్యవసాయం తప్ప ఇతర జీవితాలలో కొత్త అర్థం మరియు సంతృప్తిని కనుగొనడానికి అనేక మార్గాలు ఉన్నాయి. కొన్ని ప్రజలు ఫుడ్ బ్లాగర్లు లేదా ఫుడ్ రైటర్లుగా కెరీర్ను కొనసాగించాలని ఎంచుకుంటారు. ఇతరులు వ్యవసాయ విద్య లేదా వ్యవసాయ పరిశోధనలో కెరీర్ను కొనసాగించాలని ఎంచుకుంటారు. మరికొందరు వ్యవసాయంతో సంబంధం లేని కొత్త వృత్తిని కనుగొనాలని ఎంచుకుంటారు.

వ్యవసాయం తప్ప ఇతర జీవితాలలో కొత్త అర్థం మరియు సంతృప్తిని కనుగొనడానికి కొన్ని చిట్కాలు:

- మీ ఆసక్తులను మరియు నైపుణ్యాలను పరిగణించండి. మీరు ఏమి చేయడంలో ఆనందపడతారు? మీరు ఏ విషయంలో మంచి?

- మీకు ఏమి ముఖ్యం? మీరు ప్రపంచంలో మార్పును తీసుకురావాలనుకుంటున్నారా? మీరు ఇతరులకు సహాయం చేయాలనుకుంటున్నారా?

- మీరు ఏమి చేయాలనుకుంటున్నారో తెలుసుకోవడానికి మీరు చేయగలిగిన అన్ని పరిశోధనలను చేయండి. పుస్తకాలు చదవండి, వెబ్ సైట్‌లను చూడండి మరియు ప్రజలతో మాట్లాడండి.

- మీరు కొత్త వృత్తిని ప్రయత్నించడానికి భయపడకండి. మీరు ఇష్టపడకపోతే, మీరు ఎల్లప్పుడూ తిరిగి మార్చుకోవచ్చు.

## ఆరోగ్యకరమైన సంబంధాలను పెంపొందించడం: పూర్వపు వ్యవసాయ నెట్‌వర్క్‌లతో సంబంధాలను కొనసాగించడం

సంబంధాలు మన జీవితంలో ఒక ముఖ్యమైన భాగం. అవి మనకు సహాయం, మద్దతు మరియు ఆనందాన్ని అందిస్తాయి. వ్యవసాయం అనేది ఒక సమాజ-ఆధారిత వృత్తి, మరియు వ్యవసాయదారులు తరచుగా బలమైన నెట్‌వర్క్‌లను అభివృద్ధి చేస్తారు. అయితే, వయసున్న, ఆరోగ్య సమస్యలు లేదా ఇతర కారణాల వల్ల, వ్యవసాయదారులు తమ పూర్వపు నెట్‌వర్క్‌లతో సంబంధాలను కోల్పోవచ్చు.

పూర్వపు వ్యవసాయ నెట్‌వర్క్‌లతో సంబంధాలను కొనసాగించడం చాలా ముఖ్యం. ఇది వ్యవసాయదారులకు:

- సహాయం మరియు మద్దతును పొందడానికి

- నైపుణ్యాలను నేర్చుకోవడానికి

- వృత్తిపరమైన అవకాశాలను కనుగొనడానికి

- సామాజిక మరియు మానసిక ఆరోగ్యాన్ని మెరుగుపరచడానికి

పూర్వపు వ్యవసాయ నెట్‌వర్క్‌లతో సంబంధాలను కొనసాగించడానికి కొన్ని చిట్కాలు:

- కనెక్ట్ అవ్వండి. మాజీ స్నేహితులు, కుటుంబ సభ్యులు మరియు వ్యవసాయ నెట్‌వర్క్‌లలోని ఇతర సభ్యులతో కనెక్ట్ అవ్వండి. సోషల్ మీడియా, ఇమెయిల్ లేదా వ్యక్తిగతంగా సంప్రదించండి.

- సమావేశాలకు హాజరవండి. స్థానిక వ్యవసాయ సమావేశాలు, ఫార్మ్ ఫెయిర్లు మరియు ఇతర ఈవెంట్లకు హాజరవండి. ఇది మీకు మాజీ నెట్వర్క్‌లోని వ్యక్తులను కలవడానికి మరియు కొత్త సంబంధాలను ఏర్పరచుకోవడానికి ఒక మంచి మార్గం.

- తాజాగా ఉండండి. వ్యవసాయ రంగంలోని తాజా పరిణామాల గురించి తెలుసుకోవడానికి మీరు చేయగలిగినదంతా చేయండి. ఇది మీరు మీ నెట్వర్క్‌లోని ఇతరులతో సంభాషించడానికి మరియు సంబంధాలను బలోపేతం చేయడానికి మీకు సహాయపడుతుంది.

పూర్వపు వ్యవసాయ నెట్వర్క్‌లతో సంబంధాలను కొనసాగించడం కష్టమైన పని కావచ్చు, కానీ ఇది ఖచ్చితంగా విలువైనది. ఇది వ్యవసాయదారులకు మరింత సంపన్నమైన మరియు ఆనందకరమైన జీవితాన్ని నిర్మించడంలో సహాయపడుతుంది.

# స్వీయ సంరక్షణకు ప్రాధాన్యత ఇవ్వడం: పూర్వపు రైతులకు శారీరక మరియు మానసిక ఆరోగ్య వనరులు.

వ్యవసాయం అనేది ఒక కష్టమైన మరియు సవాలుతో కూడుకున్న వృత్తి. రైతులు తరచుగా దీర్ఘమైన గంటలు పని చేస్తారు, వాతావరణ పరిస్థితుల నుండి ఒత్తిడికి గురవుతారు మరియు ఆరోగ్య సమస్యలకు గురవుతారు.

పూర్వపు రైతులు ఈ సవాళ్లను ఎదుర్కోవడానికి ప్రత్యేకమైన సవాలులలను ఎదుర్కొంటారు. వారు తరచుగా ఒంటరిగా పని చేస్తారు, మద్దతు నెట్‌వర్క్‌లను కోల్పోతారు మరియు ఆరోగ్య సంరక్షణ వనరులకు ప్రాప్యత కలిగి ఉండకపోవచ్చు.

స్వీయ సంరక్షణకు ప్రాధాన్యత ఇవ్వడం చాలా ముఖ్యం. ఇది శారీరక మరియు మానసిక ఆరోగ్యాన్ని మెరుగుపరచడంలో సహాయపడుతుంది.

పూర్వపు రైతులకు శారీరక మరియు మానసిక ఆరోగ్య వనరులు:

శారీరక ఆరోగ్యం

- ఆరోగ్యకరమైన ఆహారం తినండి.
- క్రమం తప్పకుండా వ్యాయామం చేయండి.
- తగినంత నిద్రపోండి.
- ఆరోగ్య పరీక్షలకు హాజరవండి.

మానసిక ఆరోగ్యం

- మీరు ఆందోళన లేదా ఒత్తిడిని అనుభవిస్తే, సహాయం కోసం ముందుకు రండి.

- మీకు ఆనందాన్ని కలిగించే కార్యకలాపాలలో పాల్గొనండి.

- స్నేహితులు మరియు కుటుంబ సభ్యులతో సంబంధాలను స్థాపించండి.

పూర్వపు రైతులకు అందుబాటులో ఉన్న కొన్ని నిర్దిష్ట వనరులు:

- వ్యవసాయ మరియు ఆహార శాఖ (USDA): USDA వ్యవసాయదారులకు ఆరోగ్యం మరియు భద్రతపై సమాచారం మరియు వనరులను అందిస్తుంది.

- జాతీయ వ్యవసాయ సమాఖ్య (NFC): NFC వ్యవసాయదారులకు ఆరోగ్యం మరియు భద్రతపై సమాచారం మరియు వనరులను అందిస్తుంది, ముఖ్యంగా పెద్దలకు.

- వ్యవసాయదారుల కోసం జాతీయ ఆరోగ్య సంస్థ (NHIA): NHIA వ్యవసాయదారులకు ఆరోగ్యం మరియు భద్రతపై సమాచారం మరియు వనరులను అందిస్తుంది, ముఖ్యంగా స్త్రీలకు మరియు పిల్లలకు.

స్వీయ సంరక్షణకు ప్రాధాన్యత ఇవ్వడం ఒక జీవితకాల ప్రయాణం. చిన్న మార్పులు కూడా గణనీయమైన ప్రభావాన్ని చూపుతాయి.

# Chapter 4: Environmental Stewardship: Minimizing Risk and Protecting the Land

# అధ్యాయం 4: పర్యావరణ పరిరక్షణ: రిస్క్‌లను తగ్గించడం మరియు భూమిని కాపాడడం

పాత కాలుష్యం: పూర్వపు వ్యవసాయ భూమిపై సంభవించే పర్యావరణ ప్రమాదాలను అంచనా వేయడం మరియు తగ్గించడం.

పాత కాలుష్యం అనేది పూర్వపు వ్యవసాయ కార్యకలాపాల నుండి వచ్చే కాలుష్యం, ఇది నేడు పర్యావరణానికి ప్రమాదాన్ని కలిగిస్తుంది. ఈ కాలుష్యం వివిధ రకాలైన మూలాల నుండి వస్తుంది, వీటిలో:

- పురుగుమందులు మరియు ఎరువులు: ఈ రసాయనాలు పంటలను రక్షించడానికి మరియు పెంచడానికి ఉపయోగించబడతాయి, కానీ అవి భూమిని మరియు నీటిని కలుషితం చేయగలవు.

- జంతువుల ఎరువులు: పశువులు, పక్షులు మరియు ఇతర జంతువుల ఎరువులు నీటిని కలుషితం చేయగలవు మరియు గాలి నాణ్యతను ప్రభావితం చేయగలవు.

- అవశేషాలు: వ్యవసాయ కార్యకలాపాల నుండి వచ్చే అవశేషాలు, వీటిలో పంట ముక్కలు, రాళ్ళు మరియు ఇతర వస్తువులు ఉన్నాయి, నీటిని కలుషితం చేయగలవు మరియు భూమిని నాశనం చేయగలవు.

పాత కాలుష్యం పర్యావరణానికి అనేక ప్రమాదాలను కలిగిస్తుంది. ఇది నీటి నాణ్యతను దెబ్బతీస్తుంది, జీవవైవిధ్యాన్ని తగ్గిస్తుంది మరియు మానవ ఆరోగ్యానికి హాని కలిగిస్తుంది.

పూర్వపు వ్యవసాయ భూమిపై పాత కాలుష్యం యొక్క పర్యావరణ ప్రమాదాలను అంచనా వేయడం చాలా ముఖ్యం. ఈ అంచనా వ్యవసాయ భూమిని ఎలా వినియోగించాలనే దానిపై నిర్ణయాలు తీసుకోవడంలో సహాయపడుతుంది.

పాత కాలుష్యం యొక్క పర్యావరణ ప్రమాదాలను తగ్గించడానికి అనేక మార్గాలు ఉన్నాయి. ఈ చర్యలలో:

- భూమిని పరీక్షించడం: భూమిలో పాత కాలుష్యం ఉందో లేదో తెలుసుకోవడానికి భూమిని పరీక్షించవచ్చు.

- కాలుష్యాన్ని తొలగించడం: భూమి నుండి పాత కాలుష్యాన్ని తొలగించడానికి కొన్ని పద్ధతులు ఉన్నాయి, వీటిలో భూమిని త్రవ్వడం, భూమిని శుద్ధి చేయడం మరియు భూమిని మార్చడం ఉన్నాయి.

- కాలుష్యాన్ని నియంత్రించడం: పాత కాలుష్యం భూమి నుండి నీటిలోకి లేదా వాతావరణంలోకి వ్యాప్తి చెందకుండా నిరోధించడానికి కాలుష్యాన్ని నియంత్రించే చర్యలు తీసుకోవచ్చు.

**భూమి నిర్వహణ వ్యూహాలు: బాధ్యతాయుతమైన భూమి యాజమాన్యం లేదా స్వాధీనత కోసం స్థిరమైన పద్ధతులు.**

భూమి అనేది మన ప్రపంచంలోని అత్యంత ముఖ్యమైన వనరులలో ఒకటి. ఇది మనకు ఆహారం, నీరు, ఇంధనం మరియు ఇతర అవసరాలను అందిస్తుంది. భూమిని బాధ్యతాయుతంగా నిర్వహించడం ముఖ్యం, తద్వారా అది భవిష్యత్ తరాల కోసం జీవించగలదు.

భూమి నిర్వహణ వ్యూహాలు అనేవి భూమిని బాధ్యతాయుతంగా మరియు స్థిరంగా నిర్వహించడానికి ఉద్దేశించిన కార్యకలాపాల మరియు విధానాల సమితి. ఈ వ్యూహాలు సాధారణంగా పర్యావరణ పరిరక్షణ, ఆర్థిక స్థిరత్వం మరియు సామాజిక న్యాయం వంటి అంశాలను పరిగణనలోకి తీసుకుంటాయి.

భూమి నిర్వహణ వ్యూహాల కొన్ని ఉదాహరణలు:

- పర్యావరణ పరిరక్షణ: ఈ వ్యూహాలు భూమి యొక్క జీవవైవిధ్యాన్ని కాపాడటానికి మరియు నీటి మరియు గాలి నాణ్యతను మెరుగుపరచడానికి ఉద్దేశించినవి. ఉదాహరణకు, వ్యవసాయదారులు పురుగుమందులు మరియు ఎరువులను తక్కువగా ఉపయోగించడం ద్వారా మరియు భూమిని పూర్తిగా విశ్రాంతి తీసుకోవడం ద్వారా పర్యావరణ పరిరక్షణను ప్రోత్సహించవచ్చు.

- ఆర్థిక స్థిరత్వం: ఈ వ్యూహాలు భూమిని సమర్థవంతంగా మరియు లాభదాయకంగా ఉపయోగించడానికి ఉద్దేశించినవి. ఉదాహరణకు, వ్యవసాయదారులు మరింత ఉత్పాదకమైన పంటలను పండించడం లేదా

పునరుత్పాదక శక్తి వనరులను ఉపయోగించడం ద్వారా ఆర్థిక స్థిరత్వాన్ని ప్రోత్సహించవచ్చు.

- సామాజిక న్యాయం: ఈ వ్యూహాలు భూమిని సమర్థవంతంగా మరియు న్యాయంగా ఉపయోగించడానికి ఉద్దేశించినవి. ఉదాహరణకు, ప్రభుత్వాలు భూమిని సమానంగా పంపిణీ చేయడానికి మరియు భూమి యొక్క ప్రయోజనాల నుండి అందరినీ పొందేలా చూసుకోవడానికి చట్టాలు మరియు విధానాలను రూపొందించవచ్చు.

భూమి నిర్వహణ వ్యూహాలు భూమిని బాధ్యతాయుతంగా మరియు స్థిరంగా నిర్వహించడంలో సహాయపడే ముఖ్యమైన సాధనం. ఈ వ్యూహాలను అమలు చేయడం ద్వారా, మనం మన భవిష్యత్తు తరాల కోసం ఒక ఆరోగ్యకరమైన మరియు స్థిరమైన ప్రపంచాన్ని నిర్మించడంలో సహాయపడవచ్చు.

వాతావరణ మార్పు అనుకూలత: మారుతున్న వాతావరణ నమూనాలకు సంబంధించిన రిస్క్‌లను అర్థం చేసుకోవడం మరియు తగ్గించడం.

వాతావరణ మార్పు అనేది గ్రహం యొక్క వాతావరణంలో మార్పులకు సంబంధించిన ఒక సమగ్ర పదం. ఈ మార్పులు హిమపాతం, అతివృష్టి, వేడి తరంగాలు మరియు ఇతర వాతావరణ సంఘటనల రూపంలో కనిపిస్తాయి. వాతావరణ మార్పు అనుకూలత అనేది ఈ మార్పులకు సిద్ధంగా ఉండటానికి మరియు వాటి ప్రభావాలను తగ్గించడానికి కార్యకలాపాలు మరియు విధానాల సమితి.

వాతావరణ మార్పు అనుకూలత యొక్క ప్రాముఖ్యత పెరుగుతోంది, ఎందుకంటే మార్పులు మరింత తీవ్రమవుతున్నాయి మరియు విస్తృతమవుతున్నాయి. వాతావరణ మార్పు అనుకూలత కోసం చర్యలు తీసుకోవడం ద్వారా, మనం ఈ మార్పుల నుండి ప్రజలను, ఆస్తులను మరియు వనరులను రక్షించడానికి సహాయపడవచ్చు.

వాతావరణ మార్పు యొక్క ప్రభావాలు

వాతావరణ మార్పు యొక్క ప్రభావాలు ప్రపంచవ్యాప్తంగా ప్రజల జీవితాలను ప్రభావితం చేస్తున్నాయి. ఈ ప్రభావాలు సామాజిక, ఆర్థిక మరియు పర్యావరణ పరిస్థితులలో విస్తృత శ్రేణిలో ఉంటాయి.

వాతావరణ మార్పు యొక్క కొన్ని ప్రధాన ప్రభావాలు ఇక్కడ ఉన్నాయి:

- వాతావరణ సంఘటనలు: వాతావరణ మార్పు హిమపాతం, అతివృష్టి, వేడి తరంగాలు మరియు ఇతర వాతావరణ సంఘటనల సంభావ్యతను పెంచుతుంది. ఈ సంఘటనలు ప్రజలకు గాయాలు, ఆస్తి నష్టం మరియు ఆరోగ్య సమస్యలను కలిగిస్తాయి.

- జీవవైవిధ్యం: వాతావరణ మార్పు అనేక జీవులకు ప్రమాదాన్ని కలిగిస్తుంది. కొన్ని జాతులు వాతావరణ మార్పులకు సర్దుబాటు చేయలేకపోయి పెరగడం లేదా మరణించడం ప్రారంభించవచ్చు.

- ఆహార సరఫరా: వాతావరణ మార్పు ఆహార సరఫరాను ప్రభావితం చేస్తుంది. పంటలు హిమపాతం, అతివృష్టి లేదా వేడి తరంగాల వల్ల దెబ్బతినవచ్చు.

- నీటి వనరులు: వాతావరణ మార్పు నీటి వనరులను ప్రభావితం చేస్తుంది. అతివృష్టి వల్ల నీటి నాణ్యత తగ్గవచ్చు మరియు వేడి తరంగాల వల్ల నీటి కొరత ఏర్పడవచ్చు.

- ఆర్థిక వ్యవస్థ: వాతావరణ మార్పు ఆర్థిక వ్యవస్థను ప్రభావితం చేస్తుంది. వాతావరణ సంఘటనలు ఆస్తి నష్టం మరియు ఉత్పత్తి తగ్గుదలకు దారితీస్తాయి.

పర్యావరణ నిబంధనలు మరియు అనుగుణత: చట్టపరమైన అవసరాల గురించి ఎప్పటికప్పుడు తెలుసుకోవడం

పర్యావరణం అనేది మనందరికీ ముఖ్యమైన వనరు. పర్యావరణాన్ని రక్షించడానికి మరియు మెరుగుపరచడానికి, చట్టాలు మరియు నిబంధనలను రూపొందించారు. ఈ నిబంధనలు పర్యావరణాన్ని కలుషితం చేయకుండా, జీవవైవిధ్యాన్ని కాపాడటం మరియు వాతావరణ మార్పును తగ్గించడం వంటి లక్ష్యాలను కలిగి ఉంటాయి.

పర్యావరణ నిబంధనలను అనుసరించడం ముఖ్యం. ఈ నిబంధనలను ఉల్లంఘించడం వల్ల జరిమానా లేదా జైలు శిక్ష విధించవచ్చు. అదనంగా, నిబంధనలను ఉల్లంఘించడం వల్ల పర్యావరణానికి నష్టం కలిగించవచ్చు.

పర్యావరణ నిబంధనల గురించి ఎవరైనా తెలుసుకోవడానికి అనేక మార్గాలు ఉన్నాయి. ఈ నిబంధనలు ప్రభుత్వ వెబ్‌సైట్‌లలో అందుబాటులో ఉన్నాయి. అదనంగా, అనేక ప్రైవేట్ సంస్థలు పర్యావరణ నిబంధనలపై సమాచారాన్ని అందిస్తాయి.

పర్యావరణ నిబంధనల గురించి తెలుసుకోవడం చాలా ముఖ్యం. ఈ నిబంధనలను అనుసరించడం ద్వారా, మనం పర్యావరణాన్ని రక్షించడంలో మరియు మెరుగుపరచడంలో సహాయపడవచ్చు.

పర్యావరణ నిబంధనల రకాలు

పర్యావరణ నిబంధనలు వివిధ రకాలుగా ఉంటాయి. ఈ నిబంధనలు ఏ రకమైన వ్యాపారం లేదా కార్యకలాపాన్ని నిర్వహిస్తున్నారనే దానిపై ఆధారపడి ఉంటాయి.

కొన్ని సాధారణ రకాల పర్యావరణ నిబంధనలు ఇక్కడ ఉన్నాయి:

- కాలుష్య నియంత్రణ నిబంధనలు: ఈ నిబంధనలు వాతావరణం, నీరు మరియు భూమిని కలుషితం చేయకుండా నిరోధించడానికి రూపొందించబడ్డాయి.

- జీవవైవిధ్య సంరక్షణ నిబంధనలు: ఈ నిబంధనలు జంతువులు మరియు మొక్కల జాతులను కాపాడటానికి రూపొందించబడ్డాయి.

- వాతావరణ మార్పు నియంత్రణ నిబంధనలు: ఈ నిబంధనలు వాతావరణ మార్పును తగ్గించడానికి రూపొందించబడ్డాయి.

## పర్యావరణ సంస్థలు మరియు స్థానిక సంబంధిత వర్గాలతో కలిసి పనిచేయడం: సామాజిక భాగస్వామ్యాలు

మన పర్యావరణాన్ని రక్షించడం మరియు మెరుగుపరచడం అనేది మనందరి బాధ్యత. ఇది పెద్ద కార్యం, కానీ మనం కలిసి పనిచేస్తే, అది సాధ్యమే. పర్యావరణ సంస్థలు మరియు స్థానిక సంబంధిత వర్గాలతో సహకరించడం ఈ లక్ష్యాన్ని సాధించడానికి ఒక శక్తివంతమైన మార్గం.

పర్యావరణ సంస్థలు మరియు స్థానిక సంబంధిత వర్గాల యొక్క ప్రాముఖ్యత:

- ప్రత్యేకత: పర్యావరణ సంస్థలు వృక్ష జాతులు, జంతు జాతులు, నీటి నాణ్యత, వాతావరణ మార్పు వంటి వివిధ పర్యావరణ సమస్యల గురించి లోతైన అవగాహనను కలిగి ఉంటాయి. స్థానిక సంబంధిత వర్గాలు, రైతులు, మత్స్యకారులు, గిరిజనులు వంటి వారు తమ ప్రాంతానికి సంబంధించిన ప్రత్యేక సమస్యలను అర్థం చేసుకుని, వాటిని పరిష్కరించడానికి పరిష్కారాలను అభివృద్ధి చేయడంలో సహాయపడతారు.

- స్థానిక పరిజ్ఞానం: స్థానిక సంబంధిత వర్గాలు తమ పర్యావరణంలో మార్పులను నేరుగా అనుభవిస్తారు. వారి పరిజ్ఞానం మరియు అనుభవం పర్యావరణ ప్రాజెక్ట్‌లను మరింత ప్రభావవంతంగా మరియు స్థిరంగా రూపొందించడానికి సహాయపడతాయి.

- బహుళ పక్ష సంబంధాలు: పర్యావరణ సంస్థలు మరియు స్థానిక సంబంధిత వర్గాల మధ్య సహకారం

వివిధ దృక్పథాలను మరియు నైపుణ్యాలను కలిపి తీసుకువస్తుంది, ఇది సమగ్రమైన పరిష్కారాలను రూపొందించడానికి దోహపడుతుంది.

- నిరంతరత: పర్యావరణ పరిరక్షణ ఎప్పుడూ ముగిసే పని కాదు. పర్యావరణ సంస్థలు మరియు స్థానిక సంబంధిత వర్గాల మధ్య భాగస్వామ్యాలు దీర్ఘకాలిక ప్రయత్నాలకు మరియు పురోగతికి మద్దతు ఇస్తాయి.

సహకారానికి ఉదాహరణలు:

- పెరుగుతున్న కార్యక్రమాలు: స్థానిక సంబంధిత వర్గాల సహాయంతో పర్యావరణ సంస్థలు స్థానిక మొక్కలను నాటడం, చెత్తను శుభ్రం చేయడం, నీటి సంరక్షణ పద్ధతులను ప్రమోట్ చేయడం వంటి కార్యక్రమాలను నిర్వహించవచ్చు.

- విధాన రూపకల్పన: పర్యావరణ సంస్థలు స్థానిక సంబంధిత వర్గాల అవసరాలను మరియు ఆందోళనలను ప్రతిబింబించే పర్యావరణ విధానాలను రూపొందించడానికి వారితో సహకరించవచ్చు.

## సామాజిక భాగస్వామ్యాలు: పర్యావరణ సంస్థలు మరియు స్థానిక ప్రతినిధులతో సహకారం

పర్యావరణాన్ని రక్షించడం మరియు మెరుగుపరచడం అనేది మనందరి బాధ్యత. ఇది పెద్ద కార్యం, కానీ మనం కలిసి పనిచేస్తే, అది సాధ్యమే. పర్యావరణ సంస్థలు మరియు స్థానిక ప్రతినిధులతో సహకరించడం ఈ లక్ష్యాన్ని సాధించడానికి ఒక శక్తివంతమైన మార్గం.

పర్యావరణ సంస్థలు మరియు స్థానిక ప్రతినిధుల యొక్క ప్రాముఖ్యత:

- ప్రత్యేకత: పర్యావరణ సంస్థలు వృక్ష జాతులు, జంతు జాతులు, నీటి నాణ్యత, వాతావరణ మార్పు వంటి వివిధ పర్యావరణ సమస్యల గురించి లోతైన అవగాహనను కలిగి ఉంటాయి. స్థానిక ప్రతినిధులు, రైతులు, మత్స్యకారులు, గిరిజనులు వంటి వారు తమ ప్రాంతానికి సంబంధించిన ప్రత్యేక సమస్యలను అర్థం చేసుకుని, వాటిని పరిష్కరించడానికి పరిష్కారాలను అభివృద్ధి చేయడంలో సహాయపడతారు.

- స్థానిక పరిజ్ఞానం: స్థానిక ప్రతినిధులు తమ పర్యావరణంలో మార్పులను నేరుగా అనుభవిస్తారు. వారి పరిజ్ఞానం మరియు అనుభవం పర్యావరణ ప్రాజెక్ట్‌లను మరింత ప్రభావవంతంగా మరియు స్థిరంగా రూపొందించడానికి సహాయపడతాయి.

- బహుళ పక్ష సంబంధాలు: పర్యావరణ సంస్థలు మరియు స్థానిక ప్రతినిధుల మధ్య సహకారం వివిధ దృక్పథాలను మరియు నైపుణ్యాలను కలిపి

తీసుకువస్తుంది, ఇది సమగ్రమైన పరిష్కారాలను రూపొందించడానికి దోహపడుతుంది.

- నిరంతరత: పర్యావరణ పరిరక్షణ ఎప్పుడూ ముగిసే పని కాదు. పర్యావరణ సంస్థలు మరియు స్థానిక ప్రతినిధుల మధ్య భాగస్వామ్యాలు దీర్ఘకాలిక ప్రయత్నాలకు మరియు పురోగతికి మద్దతు ఇస్తాయి.

సహకారానికి ఉదాహరణలు:

- పెరుగుతున్న కార్యక్రమాలు: స్థానిక ప్రతినిధుల సహాయంతో పర్యావరణ సంస్థలు స్థానిక మొక్కలను నాటడం, చెత్తను శుభ్రం చేయడం, నీటి సంరక్షణ పద్ధతులను ప్రమోట్ చేయడం వంటి కార్యక్రమాలను నిర్వహించవచ్చు.

# Chapter 5: Building a New Safety Net: Exploring Alternative Income Streams

# అధ్యాయం 5: కొత్త భద్రతా వలయం నిర్మించడం: ప్రత్యామ్నాయ ఆదాయ వనరులను అన్వేషించడం

నైపుణ్యాల బదిలీ: వ్యవసాయ అనుభవం నుండి కొత్త ఉద్యోగాల కోసం బదిలీ చేయగల నైపుణ్యాలను గుర్తించడం

వ్యవసాయం అనేది ఒక శ్రమతీవ్రమైన వృత్తి, ఇది అనేక విభిన్న నైపుణ్యాలను అవసరం. వ్యవసాయదారులు తమ పొలాలను మరియు పంటలను నిర్వహించడానికి, యంత్రాలను నిర్వహించడానికి, మరియు వారి వ్యాపారాన్ని నిర్వహించడానికి నైపుణ్యాలను అభివృద్ధి చేయాలి. ఈ నైపుణ్యాలు వ్యవసాయదారులకు కొత్త ఉద్యోగాల కోసం అర్హత పొందడంలో సహాయపడతాయి.

వ్యవసాయ అనుభవం నుండి కొత్త ఉద్యోగాలకు బదిలీ చేయగల నైపుణ్యాలు ఇక్కడ ఉన్నాయి:

- సాంకేతిక నైపుణ్యాలు: వ్యవసాయదారులు తరచుగా యంత్రాలను నిర్వహించడం, కంప్యూటర్లను ఉపయోగించడం మరియు ఇతర సాంకేతిక పరికరాలను ఉపయోగించడం వంటి సాంకేతిక నైపుణ్యాలను అభివృద్ధి చేస్తారు. ఈ నైపుణ్యాలు ఇంజనీరింగ్, ఉత్పత్తి, లేదా ఆటోమొబైల్ పరిశ్రమలలో ఉద్యోగాలకు అవసరం.

- మేనేజ్‌మెంట్ నైపుణ్యాలు: వ్యవసాయదారులు తమ వ్యాపారాలను నిర్వహించడానికి ఆర్థిక మరియు నిర్వహణ నైపుణ్యాలను అభివృద్ధి చేస్తారు. ఈ నైపుణ్యాలు ఏదైనా రకమైన వ్యాపారంలో ఉద్యోగాలకు అవసరం.

- మానవ సంబంధ నైపుణ్యాలు: వ్యవసాయదారులు తరచుగా ఉద్యోగులు, కస్టమర్లు మరియు ఇతర వ్యవసాయదారులతో పనిచేస్తారు. ఈ సంబంధాలను నిర్మించడానికి మరియు నిర్వహించడానికి మానవ సంబంధ నైపుణ్యాలు అవసరం. ఈ నైపుణ్యాలు ఏదైనా రకమైన ఉద్యోగాలకు అవసరం.

వ్యవసాయ అనుభవం నుండి కొత్త ఉద్యోగాలకు బదిలీ చేయగల నైపుణ్యాలను గుర్తించడానికి, మీరు మీ వ్యవసాయ అనుభవాన్ని విశ్లేషించడం ప్రారంభించాలి. మీరు ఏ నైపుణ్యాలను అభివృద్ధి చేశారు? మీరు ఏ పనులలో మంచి? మీరు ఏ రంగాలలో ఆసక్తి కలిగి ఉన్నారు?

మీరు మీ వ్యవసాయ అనుభవాన్ని విశ్లేషించిన తర్వాత, మీరు మీ నైపుణ్యాలను కొత్త ఉద్యోగాలకు ఎలా అనుగుణంగా చేయవచ్చో ఆలోచించడం ప్రారంభించవచ్చు. మీరు మీ నైపుణ్యాలను మరింత అభివృద్ధి చేయడానికి శిక్షణ లేదా విద్య కోసం వెళ్లాలనుకోవచ్చు.

## వ్యవస్థాపకత: చిన్న వ్యాపారాలను ప్రారంభించడం, సలహా సేవలందించడం, వ్యవసాయ పరిజ్ఞానాన్ని ఉపయోగించడం

వ్యవస్థాపకత అనేది ఒక కొత్త వ్యాపారాన్ని సృష్టించడం లేదా ఒక పాత వ్యాపారాన్ని అభివృద్ధి చేయడం. వ్యవస్థాపకులు కొత్త ఆలోచనలు మరియు పరిష్కారాలను కనుగొంటారు మరియు వాటిని వాణిజ్యపరమైన విజయంగా మార్చడానికి కార్యకలాపాలను నిర్వహిస్తారు.

వ్యవసాయదారులు వ్యవస్థాపకులగా విజయవంతం కావడానికి అనేక అవకాశాలను కలిగి ఉన్నారు. వారు వ్యవసాయ పరిజ్ఞానాన్ని ఉపయోగించి కొత్త ఉత్పత్తులు లేదా సేవలను అభివృద్ధి చేయవచ్చు. వారు ఇతర వ్యవసాయదారులకు సలహా లేదా సేవలను అందించడానికి వారి జ్ఞానాన్ని ఉపయోగించవచ్చు.

చిన్న వ్యాపారాలను ప్రారంభించడం

వ్యవసాయదారులు తమ వ్యవసాయ పరిజ్ఞానాన్ని ఉపయోగించి చిన్న వ్యాపారాలను ప్రారంభించవచ్చు. ఉదాహరణకు, వారు కింది వాటిని చేయవచ్చు:

- అనుబంధ ఉత్పత్తులు లేదా సేవలను అందించండి: వ్యవసాయదారులు తమ పంటల నుండి ఉత్పత్తి చేసిన ఆహారం, పానీయాలు, లేదా ఇతర ఉత్పత్తులను అమ్మవచ్చు. వారు వ్యవసాయ పరికరాలు, సేవలు, లేదా సలహాను కూడా అందించవచ్చు.

- కొత్త ఉత్పత్తులు లేదా సేవలను అభివృద్ధి చేయండి: వ్యవసాయదారులు తమ పరిజ్ఞానాన్ని ఉపయోగించి కొత్త ఉత్పత్తులు లేదా సేవలను అభివృద్ధి చేయవచ్చు. ఉదాహరణకు, వారు కొత్త రకాల పంటలు, జంతువులు, లేదా ఉత్పత్తి పద్ధతులను అభివృద్ధి చేయవచ్చు.

- వ్యవసాయ పర్యావరణాన్ని మెరుగుపరచడానికి కృత్రిమ మేధస్సు లేదా ఇతర సాంకేతికతలను ఉపయోగించండి: వ్యవసాయదారులు వ్యవసాయ పర్యావరణాన్ని మెరుగుపరచడానికి కృత్రిమ మేధస్సు లేదా ఇతర సాంకేతికతలను ఉపయోగించవచ్చు. ఉదాహరణకు, వారు వ్యవసాయ పంటలను మరింత ఉత్పాదకంగా మరియు పర్యావరణ అనుకూలంగా మార్చడానికి ఈ సాంకేతికతలను ఉపయోగించవచ్చు.

## రిమోట్ వర్క్ అవకాశాలు: స్థానం-స్వతంత్ర ఉద్యోగాల కోసం టెక్నాలజీ మరియు ఇంటర్నెట్ యాక్సెస్ను ఉపయోగించడం

రిమోట్ వర్క్ అనేది ఇంటర్నెట్ మరియు ఇతర టెక్నాలజీలను ఉపయోగించి ఒక నిర్దిష్ట స్థానం నుండి స్వతంత్రంగా పని చేయడం. ఇది ఉద్యోగులు మరియు కంపెనీలకు అనేక ప్రయోజనాలను అందిస్తుంది, వీటిలో:

- ఉద్యోగులకు మరింత సమతుల్య జీవితాన్ని అనుమతించండి: రిమోట్ వర్క్ ఉద్యోగులు తమ పనిని మరియు వ్యక్తిగత జీవితాన్ని మరింత సమర్థవంతంగా సమన్వయం చేయడానికి అనుమతిస్తుంది.

- కంపెనీలకు ఖర్చులను తగ్గించండి: రిమోట్ వర్క్ కంపెనీలకు కార్యాలయాలను నిర్వహించడానికి అవసరమైన ఖర్చులను తగ్గించడంలో సహాయపడుతుంది.

- వివిధ నైపుణ్యాలను కలిగిన వ్యక్తులను ఒకచోట చేర్చడానికి అనుమతించండి: రిమోట్ వర్క్ కంపెనీలకు ప్రపంచవ్యాప్తంగా ఉన్న ఉత్తమ నైపుణ్యాలను కలిగిన వ్యక్తులను నియమించడానికి అనుమతిస్తుంది.

రిమోట్ వర్క్ అవకాశాలు అనేక రకాల ఉద్యోగాలలో అందుబాటులో ఉన్నాయి, వీటిలో:

- సాఫ్ట్‌వేర్ అభివృద్ధి: సాఫ్ట్‌వేర్ ఇంజనీర్లు, డిజైనర్లు మరియు పరీక్షకులు తరచుగా రిమోట్‌గా పని చేస్తారు.

- డిజిటల్ మార్కెటింగ్: డిజిటల్ మార్కెటింగ్ నిపుణులు, వెబ్‌సైట్ డెవలపర్లు మరియు కంటెంట్ రచయితలు కూడా రిమోట్‌గా పని చేయవచ్చు.

- కస్టమర్ సేవ: కస్టమర్ సేవా ప్రతినిధులు, టెక్నికల్ సపోర్ట్ ప్రతినిధులు మరియు హోమ్ సేల్స్ ప్రతినిధులు రిమోట్‌గా పని చేయవచ్చు.

- లేఖపూర్వక పని: రచయితలు, సంపాదకులు మరియు ట్రాన్స్‌లేటర్లు కూడా రిమోట్‌గా పని చేయవచ్చు.

రిమోట్ వర్క్‌లో విజయవంతం కావడానికి, ఉద్యోగులు కింది అంశాలను పరిగణించాలి:

- స్వ-నియంత్రణ మరియు స్వీయ-ప్రేరణ: రిమోట్ వర్కర్లు తమ స్వంత సమయాన్ని నిర్వహించడానికి మరియు వారి లక్ష్యాలను సాధించడానికి స్వాతంత్ర్యం మరియు బాధ్యతను కలిగి ఉండాలి.

- సమర్థమైన సాంకేతికత: రిమోట్ వర్కర్లు సమర్థవంతమైన కంప్యూటర్లు, ఇంటర్నెట్ కనెక్షన్లు మరియు ఇతర సాంకేతికతను కలిగి ఉండాలి.

# స్వచ్చంద సేవ మరియు సమాజిక కార్యకలాపాలు: నైపుణ్యాలు మరియు అనుభవాన్ని అర్థపూర్వకమైన ప్రాజెక్టులకు అందించడం

స్వచ్చంద సేవ మరియు సమాజిక కార్యకలాపాలు అనేవి మన సమయం మరియు నైపుణ్యాలను ఇతరులకు మరియు మన సమాజానికి తిరిగి ఇవ్వడానికి ఒక మార్గం. ఇవి మనకు ఒక అర్థవంతమైన మరియు సంతృప్తికరమైన జీవితాన్ని గడపడంలో సహాయపడతాయి.

స్వచ్చంద సేవ మరియు సమాజిక కార్యకలాపాల యొక్క కొన్ని ప్రయోజనాలు:

- ఇతరులకు సహాయం చేయడం ద్వారా మన సమాజాన్ని మెరుగుపరచడంలో సహాయపడుతుంది.

- మనకు ఒక అర్థవంతమైన మరియు సంతృప్తికరమైన జీవితాన్ని గడపడంలో సహాయపడుతుంది.

- మన నైపుణ్యాలు మరియు అనుభవాన్ని ఇతరులతో పంచుకోవడానికి అనుమతిస్తుంది.

- మాకు కొత్త నైపుణ్యాలు మరియు అనుభవాన్ని నేర్చుకోవడానికి అవకాశం ఇస్తుంది.

- మాకు కొత్త స్నేహితులు మరియు నెట్‌వర్క్‌లను నిర్మించడానికి అనుమతిస్తుంది.

స్వచ్చంద సేవ మరియు సమాజిక కార్యకలాపాలలో పాల్గొనడానికి అనేక మార్గాలు ఉన్నాయి. మీరు మీకు ఆసక్తి ఉన్న విషయాలపై దృష్టి పెట్టవచ్చు, లేదా మీరు మీ

నైపుణ్యాలు మరియు అనుభవంతో సహాయం చేయగల ప్రాజెక్టులను కనుగొనవచ్చు.

మీరు మీ సమయం మరియు నైపుణ్యాలను దానం చేయడానికి సిద్ధంగా ఉంటే, మీరు ప్రారంభించడానికి కొన్ని మార్గాలు ఇక్కడ ఉన్నాయి:

- మీకు ఆసక్తి ఉన్న విషయాలపై పరిశోధన చేయండి. మీరు స్థానిక స్వచ్ఛంద సంస్థలను కనుగొనవచ్చు లేదా ఆన్‌లైన్‌లో అన్వేషించవచ్చు.

- మీ నైపుణ్యాలు మరియు అనుభవంతో సహాయం చేయగల ప్రాజెక్టులను కనుగొనండి. మీరు మీ నైపుణ్యాల జాబితాను తయారు చేయడం ద్వారా ప్రారంభించవచ్చు.

- మీరు దానం చేయడానికి సిద్ధంగా ఉన్న సమయాన్ని నిర్ణయించండి. మీరు వారానికి కొన్ని గంటలు లేదా నెలకు కొన్ని రోజులు దానం చేయవచ్చు.

- మీరు ఏమి చేస్తున్నారో ఇతరులతో పంచుకోండి. మీ స్నేహితులు, కుటుంబం మరియు సహోద్యోగులతో మీ స్వచ్ఛంద సేవ లేదా సామాజిక కార్యకలాపాల గురించి చెప్పండి.

## విద్య మరియు నైపుణ్యాల పునర్వ్యవస్థీకరణ: కొత్త అర్హతల కోసం మరింత విద్య లేదా శిక్షణ పొందడం

ప్రపంచం వేగంగా మారుతున్నప్పుడు, మనం మన నైపుణ్యాలను కొత్త అవకాశాలకు అనుగుణంగా ఉంచుకోవడం చాలా ముఖ్యం. విద్య మరియు నైపుణ్యాల పునర్వ్యవస్థీకరణ అనేది ఈ లక్ష్యాన్ని సాధించడానికి ఒక మార్గం.

విద్య మరియు నైపుణ్యాల పునర్వ్యవస్థీకరణ అనేది మనకు ఇప్పటికే ఉన్న నైపుణ్యాలను మెరుగుపరచడం లేదా మనకు కొత్త అర్హతలను పొందడం కోసం మరింత విద్య లేదా శిక్షణ పొందడం. ఇది మన ఉద్యోగ భద్రతను మెరుగుపరచడానికి, మన జీవితంలో మరింత అవకాశాలను సృష్టించడానికి మరియు మన సమాజానికి మరింత సహకారం చేయడానికి సహాయపడుతుంది.

విద్య మరియు నైపుణ్యాల పునర్వ్యవస్థీకరణకు అనేక రకాలు ఉన్నాయి. మీరు మీ అవసరాలు మరియు లక్ష్యాలను బట్టి ఏ రకం పునర్వ్యవస్థీకరణ మీకు సరైనదో ఎంచుకోవచ్చు.

వృత్తిపరమైన శిక్షణ

వృత్తిపరమైన శిక్షణ అనేది మీరు ప్రస్తుతం పనిచేస్తున్న పనిలో మెరుగుపడటానికి లేదా కొత్త వృత్తిలో ప్రవేశించడానికి సహాయపడే శిక్షణ. ఇది సాధారణంగా కొన్ని నెలల నుండి కొన్ని సంవత్సరాల వరకు ఉంటుంది.

ఉద్యోగ శిక్షణ

ఉద్యోగ శిక్షణ అనేది మీరు కొత్త ఉద్యోగంలో విజయవంతం కావడానికి అవసరమైన నైపుణ్యాలను నేర్చుకోవడానికి సహాయపడే శిక్షణ. ఇది తరచుగా కంపెనీలు లేదా సంస్థలు అందిస్తాయి.

ఆన్‌లైన్ కోర్సులు

ఆన్‌లైన్ కోర్సులు అనేవి మీ ఇంటి నుండి మీ స్వంత వేగంలో నేర్చుకోవడానికి మిమ్మల్ని అనుమతించే శిక్షణ. ఇవి సాధారణంగా తక్కువ ఖర్చుతోనే అందుబాటులో ఉంటాయి.

విద్యా డిగ్రీలు

విద్యా డిగ్రీలు అనేవి మీకు ఉన్నత స్థాయి నైపుణ్యాలను అందించే శిక్షణ. ఇవి సాధారణంగా కళాశాలలు లేదా విశ్వవిద్యాలయాలలో అందించబడతాయి.

విద్య మరియు నైపుణ్యాల పునర్వ్యవస్తీకరణ అనేది మీ జీవితంలో ఒక ముఖ్యమైన నిర్ణయం. మీరు ఏ రకం పునర్వ్యవస్తీకరణ మీకు సరైనదో నిర్ణయించే ముందు, మీ అవసరాలు మరియు లక్ష్యాలను జాగ్రత్తగా పరిగణించాలి.

# Chapter 6: Cultivating a Sustainable Future: Embracing Change and Finding Fulfillment

# అధ్యాయం 6: సుస్థిరా భవిష్యత్తును సాధించడం: మార్పును స్వీకరించడం మరియు సంతృప్తిని కనుగొనడం

ఆలోచన మరియు కృతజ్ఞత: గత అనుభవాల విలువను గుర్తించడం మరియు సాధించిన విజయాలను జరుపుకోవడం

ఆలోచన మరియు కృతజ్ఞత అనేవి మన జీవితాలను మెరుగుపరచగల రెండు శక్తివంతమైన సాధనాలు. ఆలోచన అనేది మనం మన జీవితాలను ఎలా చూస్తున్నామో మరియు అర్థం చేసుకున్నామో ప్రభావితం చేస్తుంది. కృతజ్ఞత అనేది మనకు ఉన్నదానికి కృతజ్ఞతగా ఉండటం.

గత అనుభవాల విలువను గుర్తించడానికి మరియు సాధించిన విజయాలను జరుపుకోవడానికి ఆలోచన మరియు కృతజ్ఞత ఒకదానితో ఒకటి పని చేస్తాయి.

ఆలోచన

ఆలోచన అనేది మన జీవితాలను ఎలా చూస్తున్నామో మరియు అర్థం చేసుకున్నామో ప్రభావితం చేస్తుంది. మనం మన జీవితాలను ధన్యవాదంతో చూస్తే, మనం మరింత సంతోషంగా మరియు సంతృప్తికరంగా ఉంటాము.

మనం గత అనుభవాల విలువను గుర్తించాలనుకుంటే, మనం వాటిని మరింత సానుకూలంగా చూడటానికి మన

ఆలోచనలను మార్చుకోవాలి. మనం మన జీవితాలలో మంచి విషయాలపై దృష్టి పెట్టాలి, మరియు మనం ఎదుర్కొన్న కష్టాలను నేర్చుకోవడానికి మరియు పెరగడానికి అవకాశాలుగా చూడాలి.

కృతజ్ఞత

కృతజ్ఞత అనేది మనకు ఉన్నదానికి కృతజ్ఞతగా ఉండటం. మనం కృతజ్ఞతతో ఉంటే, మనం మరింత సంతోషంగా మరియు సంతృప్తికరంగా ఉంటాము.

మనం గత అనుభవాలను జరుపుకోవాలనుకుంటే, మనం వాటి కోసం కృతజ్ఞతతో ఉండాలి. మనం మన జీవితాలలో మంచి విషయాలను గుర్తించాలి మరియు వాటి కోసం కృతజ్ఞతలు చెప్పాలి.

గత అనుభవాల విలువను గుర్తించడానికి మరియు సాధించిన విజయాలను జరుపుకోవడానికి ఆలోచన మరియు కృతజ్ఞతను ఉపయోగించడానికి కొన్ని మార్గాలు ఇక్కడ ఉన్నాయి:

- మీ జీవితంలో మంచి విషయాలపై దృష్టి పెట్టండి. మీకు ఉన్న ప్రేమ, స్నేహితులు, కుటుంబం, ఆరోగ్యం మరియు ఇతర వ్యక్తిగత విజయాలను గుర్తించుకోండి.

- మీరు ఎదుర్కొన్న కష్టాల నుండి నేర్చుకోండి. మీరు ఎందుకు కష్టపడ్డారో మరియు మీరు ఏమి నేర్చుకున్నారో ఆలోచించండి.

- మీరు సాధించిన విజయాలకు కృతజ్ఞతలు చెప్పండి. మీరు ఏమి సాధించారో మరియు మీ జీవితంలో మీరు ఏమి చేశారో ఆలోచించండి.

# దీర్ఘకాలిక ప్రణాళిక: వ్యక్తిగత లక్ష్యాలను సెట్ చేయడం మరియు భవిష్యత్తు కోసం దృష్టిని ఏర్పాటు చేసుకోవడం

దీర్ఘకాలిక ప్రణాళిక అనేది మీ జీవితం కోసం మీరు కలిగి ఉన్న దీర్ఘకాలిక లక్ష్యాలను సాధించడానికి మీరు అనుసరించే ఒక మార్గదర్శకం. ఇది మీరు ఎక్కడికి వెళ్లాలనుకుంటున్నారో మరియు అక్కడికి ఎలా చేరుకోవాలో ఒక దృష్టిని మీకు ఇస్తుంది.

దీర్ఘకాలిక ప్రణాళికను రూపొందించడం అనేది మీ జీవితం గురించి ఆలోచించడానికి మరియు మీరు ఏమి సాధించాలనుకుంటున్నారో నిర్ణయించుకోవడానికి ఒక గొప్ప మార్గం. ఇది మీరు మీ లక్ష్యాలను సాధించడానికి మీ సమయాన్ని మరియు శక్తిని ఎలా సమర్థవంతంగా ఉపయోగించాలో కూడా మీకు సహాయపడుతుంది.

దీర్ఘకాలిక ప్రణాళికను రూపొందించడానికి కొన్ని దశలు ఇక్కడ ఉన్నాయి:

1. మీ లక్ష్యాలను నిర్వచించండి. మీరు ఏమి సాధించాలనుకుంటున్నారో మీరు మొదట నిర్ణయించుకోవాలి. మీరు మీ వృత్తి జీవితంలో, మీ వ్యక్తిగత జీవితంలో లేదా మీ ఆరోగ్యం మరియు శ్రేయస్సులో ఏమి సాధించాలనుకుంటున్నారో ఆలోచించండి.

2. మీ లక్ష్యాలను నిర్దేశించండి. మీరు ఏమి సాధించాలనుకుంటున్నారో మీరు స్పష్టంగా తెలుసుకోవాలి. మీ లక్ష్యాలు నిర్దిష్టంగా, కొలవదగినవి,

సాధ్యమైనవి, సంబంధితమైనవి మరియు సమయానికి పరిమితం చేయబడినవి (SMART) అని నిర్ధారించుకోండి.

3. మీ లక్ష్యాలను క్రమం క్రమంగా విభజించండి. మీ లక్ష్యాలు చాలా పెద్దవిగా లేదా భయపెట్టేవిగా కనిపిస్తే, వాటిని చిన్న, నిర్వహించగల లక్ష్యాలగా విభజించండి. ఇది వాటిని సాధించడం మరింత సులభం చేస్తుంది.

4. మీ లక్ష్యాల కోసం చర్య ప్రణాళికను రూపొందించండి. మీ లక్ష్యాలను సాధించడానికి మీరు ఏమి చేయాలి? మీరు ఏ చర్యలు తీసుకోవాలి? మీరు ఏవైనా వనరులను అవసరమవుతాయా?

5. మీ ప్రగతిని ట్రాక్ చేయండి. మీరు మీ లక్ష్యాలను సాధిస్తున్నారో లేదో తెలుసుకోవడానికి మీ ప్రగతిని ట్రాక్ చేయడం చాలా ముఖ్యం. ఇది మీరు మీ దిశలో ఉన్నారని మరియు మీరు మార్గం మధ్యలో ఓడిపోకుండా ఉండటానికి మిమ్మల్ని ప్రోత్సహిస్తుంది.

## సంతృప్తిని కనుగొనడం: వ్యక్తిగతంగా అర్థపూర్వకమైన మరియు ఆర్థికంగా సురక్షితమైన జీవితాన్ని నిర్మించడం

సంతృప్తి అనేది ప్రతి ఒక్కరూ తమ జీవితంలో కోరుకునేది. ఇది వ్యక్తిగతంగా మరియు ఆర్థికంగా మనం ఎక్కడికి చేరుకున్నామో గురించి మనం భావించే భావన.

వ్యక్తిగతంగా అర్థపూర్వకమైన జీవితాన్ని నిర్మించడం అనేది మనం ఏమి చేస్తామో మరియు మనం ఎవరితో ఉన్నామో గురించి మనం బాగా భావించేలా చేయడం. ఇది మనకు ముఖ్యమైన విషయాలపై దృష్టి పెట్టడం మరియు మన జీవితంలో అర్థం మరియు ప్రయోజనాన్ని కనుగొనడం.

ఆర్థికంగా సురక్షితమైన జీవితాన్ని నిర్మించడం అనేది మనం మన అవసరాలను తీర్చుకోగల మరియు భవిష్యత్తు కోసం ప్లాన్ చేయగల పరిస్థితిని సృష్టించడం. ఇది మన ఆర్థికాలను నిర్వహించడం మరియు మనం భవిష్యత్తులో మనం కోరుకునేదాన్ని సాధించడానికి ఒక ప్రణాళికను కలిగి ఉండటం.

సంతృప్తిని కనుగొనడానికి అనేక మార్గాలు ఉన్నాయి. కొన్ని ప్రజలు తమ వృత్తి జీవితంలో సంతృప్తిని కనుగొంటారు, మరికొందరు తమ వ్యక్తిగత జీవితంలో లేదా వారి సమాజంలో సంతృప్తిని కనుగొంటారు.

వ్యక్తిగతంగా అర్థపూర్వకమైన జీవితాన్ని నిర్మించడానికి కొన్ని చిట్కాలు ఇక్కడ ఉన్నాయి:

- మీ విలువలు మరియు లక్ష్యాలను గుర్తించండి.
- మీకు ముఖ్యమైన విషయాలపై దృష్టి పెట్టండి.

- మీరు ఆనందించే మరియు మీకు సంతృప్తిని ఇచ్చే పనులను చేయండి.

- మీరు మీ జీవితంలో అర్థం మరియు ప్రయోజనాన్ని కనుగొనడంలో మీకు సహాయపడే వ్యక్తులతో చుట్టుముట్టండి.

ఆర్థికంగా సురక్షితమైన జీవితాన్ని నిర్మించడానికి కొన్ని చిట్కాలు ఇక్కడ ఉన్నాయి:

- మీ ఆదాయాన్ని మరియు వ్యయాలను నిర్వహించండి.

- మీరు భవిష్యత్తులో మీరు కోరుకునేదాన్ని సాధించడానికి ఒక ఆర్థిక ప్రణాళికను రూపొందించండి.

- మీరు మీ ఆర్థిక లక్ష్యాలను సాధించడంలో మీకు సహాయపడే పెట్టుబడులు మరియు ఆర్థిక సంరక్షణను పరిశోధించండి.

## మీ కథను పంచుకోవడం: ఇతర మాజీ రైతులను వారి మార్పు ప్రయాణంలో ప్రేరేపించడం మరియు సాధికారం చేయడం

మీరు ఒక మాజీ రైతు అయితే, మీ కథను పంచుకోవడం చాలా ముఖ్యం. మీ కథ ఇతర మాజీ రైతులను వారి మార్పు ప్రయాణంలో ప్రేరేపించడానికి మరియు సాధికారం చేయడానికి సహాయపడుతుంది.

మీ కథను పంచుకోవడానికి అనేక మార్గాలు ఉన్నాయి. మీరు మీ స్నేహితులు మరియు కుటుంబంతో మాట్లాడవచ్చు, మీ స్థానిక సమాజంలో ప్రసంగించవచ్చు లేదా మీ కథను వ్రాసి సామాజిక మాధ్యమంలో పంచుకోవచ్చు.

మీ కథను పంచుకోవడానికి ముందు, మీరు ఏమి చెప్పాలనుకుంటున్నారో ఆలోచించడం ముఖ్యం. మీరు మీ రైతు జీవితం గురించి, మీరు ఎందుకు మాజీ రైతు అయ్యారో మరియు మీరు ఇప్పుడు ఏమి చేస్తున్నారో గురించి మాట్లాడవచ్చు. మీరు మీ భావోద్వేగాలు మరియు అనుభవాలను కూడా పంచుకోవచ్చు.

మీ కథను పంచుకోవడం వల్ల మీరు కొత్త స్నేహితులను కనుగొనడానికి మరియు మీ సమాజానికి తిరిగి ఇవ్వడానికి మార్గం కనుగొనడానికి సహాయపడుతుంది. ఇది మీరు మీ మార్పు ప్రయాణంలో ఒంటరిగా లేరని మరియు ఇతరులు మీలాంటి విషయాలను అనుభవిస్తున్నారని తెలుసుకోవడానికి కూడా సహాయపడుతుంది.

ఇక్కడ మీ కథను పంచుకోవడానికి కొన్ని చిట్కాలు ఉన్నాయి:

- మీ కథను స్పష్టంగా మరియు సంక్షిప్తంగా ఉంచండి.

- మీ భావోద్వేగాలను ఖచ్చితంగా మరియు నిజాయితీగా తెలియజేయండి.

- మీ కథ నుండి ఇతరులు నేర్చుకోగల పాఠాలను సూచించండి.

మీరు మీ కథను పంచుకోవడానికి సిద్ధంగా ఉంటే, ఇక్కడ కొన్ని వనరులు ఉన్నాయి:

- మాజీ రైతులకు సహాయం చేయడానికి అంకితమైన సంస్థలు: ది నేషనల్ ఫౌండేషన్ ఫర్ ది ఫ్యూచర్ ఆఫ్ ఫార్మింగ్, ది ఆర్గనైజేషన్ ఆఫ్ మాజీ రైతులు, మరియు ది ఫారమర్స్ అసోసియేషన్ ఆఫ్ అమెరికా.

- మాజీ రైతుల కోసం ఆన్‌లైన్ కమ్యూనిటీలు: ది మాజీ రైతుల కమ్యూనిటీ మరియు ది ఫ్యూచర్ ఆఫ్ ఫార్మింగ్ మెట్రోపోలిటన్ అలబామా.

మీ కథను పంచుకోవడం ద్వారా, మీరు ఇతర మాజీ రైతులకు భరోసా మరియు ప్రేరణను అందించవచ్చు. మీరు మీ జీవితంలో కొత్త అధ్యాయాన్ని ప్రారంభించడంలో సహాయపడవచ్చు.

## వనరులు మరియు ముగింపు: అదనపు వనరులను అందించడం మరియు నిరంతర అభ్యాసాన్ని ప్రోత్సహించడం

ఈ వ్యాసం రైతులకు అందుబాటులో ఉన్న వనరుల గురించి మరియు వాటిని ఎలా ఉపయోగించాలో ముగింపులో సలహాలను అందిస్తుంది.

అదనపు వనరులు

రైతులకు అందుబాటులో ఉన్న అనేక వనరులు ఉన్నాయి. వీటిలో కొన్ని:

- ప్రభుత్వం: ప్రభుత్వం రైతులకు వివిధ రకాల సహాయం మరియు మద్దతును అందిస్తుంది. ఈ సహాయం నిధులు, శిక్షణ, మరియు సహకారాన్ని కలిగి ఉండవచ్చు.

- అసోసియేషన్లు మరియు సంస్థలు: రైతుల అసోసియేషన్లు మరియు సంస్థలు రైతులకు సహాయం మరియు మద్దతును అందించడానికి అంకితమైనవి. ఈ సహాయం శిక్షణ, మార్కెటింగ్, మరియు సహకారాన్ని కలిగి ఉండవచ్చు.

- ఆన్‌లైన్ వనరులు: అనేక ఆన్‌లైన్ వనరులు రైతులకు సమాచారం మరియు సహాయాన్ని అందిస్తాయి. ఈ వనరులలో వెబ్‌సైట్‌లు, బ్లాగులు, మరియు ఫోరమ్‌లు ఉన్నాయి.

నిరంతర అభ్యాసం

రైతులు నిరంతరం నేర్చుకోవాలి. వారు వ్యవసాయ పద్ధతులు, మార్కెటింగ్, మరియు వ్యాపార నిర్వహణలో నవీన పరిణామాల గురించి తెలుసుకోవాలి.

రైతులు నిరంతర అభ్యాసాన్ని ప్రోత్సహించడానికి కొన్ని మార్గాలు ఇక్కడ ఉన్నాయి:

- శిక్షణ కార్యక్రమాలకు హాజరు కాండిన్: రైతుల కోసం అనేక శిక్షణ కార్యక్రమాలు అందుబాటులో ఉన్నాయి. ఈ కార్యక్రమాలు వ్యవసాయం, మార్కెటింగ్, మరియు వ్యాపార నిర్వహణలో వివిధ అంశాలపై శిక్షణను అందిస్తాయి.

- ఆన్‌లైన్ వనరులను ఉపయోగించండి: అనేక ఆన్‌లైన్ వనరులు రైతులకు శిక్షణ మరియు సమాచారాన్ని అందిస్తాయి. ఈ వనరులలో వెబ్‌సైట్లు, బ్లాగులు, మరియు ఫోరమ్‌లు ఉన్నాయి.

- మీ సహచర రైతులతో కనెక్ట్ అవ్వండి: మీ సహచర రైతులతో కనెక్ట్ అవ్వడం ద్వారా మీరు నేర్చుకోవడానికి మరియు మీ అనుభవాలను పంచుకోవడానికి ఒక మార్గాన్ని కనుగొనవచ్చు.

ముగింపు

రైతులకు అందుబాటులో ఉన్న అనేక వనరులు ఉన్నాయి. ఈ వనరులను ఉపయోగించడం ద్వారా, రైతులు వారి వ్యవసాయాన్ని మెరుగుపరచడానికి మరియు వారి వ్యాపారాలను విజయవంతం చేయడానికి సహాయపడవచ్చు.